影響與鼓勵

激發潛能與克服障礙的領導策略

充分授權、專注聆聽、人盡其才，
只有讓員工越來越優秀，
領導者才會越來越進步！

肖鳳德，王兵團 著

身為領導者的你是否存在一些疑問……
什麼是領導力？怎麼樣行使才能發揮效用？
又要如何帶領自己和團隊獲得提升？

清晰使命 ✕ 確定目標 ✕ 樹立榜樣 ✕ 同理溝通 ✕ 追求創新
豐富理論與實踐方法，手把手帶你成為優秀領導者！

目錄

前言

第1章
擔使命，共築願景

使命明晰，激發團隊力量 …… 012
願景感召，重建信心 …… 016
道德、責任、規則和追求 …… 022
分解與重塑願景的四個「支撐點」 …… 027
企業使命與個人使命的魅力與規畫 …… 033

第2章
定目標，明確方向

宏遠目標與短淺目標 …… 038
目標導向的領導力 …… 042
目標決定事情之輕重緩急 …… 047
以目標評估事業進展 …… 053
個人目標與團隊目標 …… 058

目錄

第 3 章
樹榜樣，啟迪人心

領導者行為準則……066

領導榜樣……072

以身作則施加領導者的影響力……077

影響圈與影響力……081

個人影響力與組織核心價值觀……087

第 4 章
當教練，賦能有為

教練，領導力的傳承預示組織的未來……094

自我覺察，領導力的起跑線……102

激勵，領導力的泉源之眼……106

去除藩籬，以批評搭建信任……113

充分授權，挑戰產生自驅力……119

「水漲船高」與團隊打造……125

第 5 章
帶團隊，凝聚力量

「連結型」溝通……134

溝通凝聚人心……140

欣賞差異，發揮多元化的威力……145

傾聽的藝術……149

充滿正能量的組織文化 …… 156
凝聚力產生創造力 …… 161

第6章
思創新，變革成長

尋找創新機會並持之以恆 …… 168
創造性思維與創造力 …… 172
紅燈思維與綠燈思維 …… 177
創新型領導者的 12 個特質 …… 182
領導力的突破：變革成就團隊的績效 …… 188

第7章
搭平臺，激發潛能

管理弱點，讓你的優勢更強 …… 194
滿足需求，為自己奮鬥 …… 198
存在於腦海的未來藍圖，要看到未來 …… 203
有競爭才有前進 …… 208
價值留人 …… 213

第8章
越障礙，落地執行

發號施令並不產生價值 …… 220
執行力提升的關鍵 …… 225

猶豫、恐懼、障礙與藉口 …… 230
合適的人做合適的事 …… 235
突破固定思維，「被動做」變「主動做」 …… 239

第 9 章
提信心，勇攀高峰

打破舒適圈，從實踐中學習 …… 244
魄力有多大，影響力就有多遠 …… 247
領導信心與希望 …… 251
一切為了創造與影響 …… 255
影響力延伸：重新啟程 …… 259

參考文獻

前言

在我多年的顧問經驗中，遇到過上百名不同行業、不同企業的領導者提出的專業問題，其中不乏觀點獨到、思想新穎。最讓我印象深刻的是一位年輕的企業總裁發出的誠懇提問：在今天這樣的資訊時代中，人和人、團隊和團隊之間傳播資訊的速度大大加快，而分享資源的能力也隨之增強。這種情況下，領導力具體應該如何發揮？領導者如何才能透過發揮領導力繼續提升自我存在的價值？

對此，我給出的回答是：領導者是企業組織管理中獨一無二的角色，這個角色的使命在於其發揮領導力去改變一家企業。

企業的管理者或許需要具備的是激勵下屬的能力、發號施令的特質和大局的意識。但是，領導一家企業，比這樣的要求更高。這就決定了領導者不僅具有綜合能力，還應具有一種性格的表現、一種氣質的融入。作為企業的領導者，必須能夠為企業指出明確的經營使命、描繪清晰的發展願景；必須能夠為企業制定短期和長遠的經營目標；必須樹立企業中的榜樣，以激發員工的信心；必須擔任教練角色，將能力和經驗賦予下屬；必須帶動團隊，讓良好的團隊成為組織堅實的基礎；必須進行積極創新，用改革推進組織進步；必須搭建平臺，讓員工發揮自身潛力；必須克服障礙，將組織中的執行力提到最高；必須始終提振信心，帶領組織朝更高的狀態前行。

總之，領導者即是領導力的化身，他們應該使用個人的力量去催化組織整體的力量，並努力從各個方面確保企業的成長。

然而，不少企業領導者雖然工作盡力而辛苦，但卻並沒有有效發揮出自己的領導力。不少企業高階主管忽視了自身領導風格的重要性，領導方式不明確，最終成為了管理者，而不再是領導者；另外一些高階主管則缺少對企業長遠使命、願景和目標的關注，結果其工作注意力反覆被競爭環境中不斷出現的事件和危機所干擾；最令人擔心的企業高階主管們幾乎經常因為個人性格、特質、經驗等因素，導致領導力發揮方式多變而隨意……

上述涉及的錯誤做法都會導致領導力行使效果不佳，在這種情況下，企業有可能會喪失信心、喪失方向乃至被引入歧途，並因此付出沉重的代價。

正因為如此，我認為，企業領導者有必要從根源入手，探究如何認識領導力、如何行使領導力和如何提高領導力。

從本質上來說，領導力就是影響力，領導者應該給予周圍每個員工、每位下屬正面積極的影響。透過運用自身領導力，去改變這些人對企業和自身的認識。

領導力也是循環力。只有優秀的領導者，才能持續不斷的帶領自己的下屬、團隊，並透過他們去帶動更多的員工、更大規模的團隊。這樣，領導力就在不斷的良性循環中得到放大，並能夠最終由一個人的力量循環放大而帶給整個組織力量。

領導力同時也是優秀的服務力。領導者也是企業的雇員，從工作內容上來看，領導者並非是高高在上坐享其成的人，而是應該努力去設身處地、換位思考並為員工的現在乃至未來謀劃。透過將員工的利益與組織的利益積極結合，優秀的領導者將能夠幫助個人和團體兩個層面都得到龐大收益。

總之，領導力意味著領導者如何運用方法去激發他人在組織中發揮活力的能力。領導力有著豐富的內涵：它首先應該來自於領導者的個性、魅力和人際影響力；其次包括領導者個人的觀察能力、組織能力、協調能力、溝通能力；還包括領導者是否有充分的意願去領導他人，並在現在的工作中增強領導力。

正因如此，領導力展現了領導者的整體素養和特質，而領導力也並不是只有少數人才能掌握。實際上，在我的職業生涯中，曾經幫助過大量企業領導者透過學習、鍛鍊和總結，大大開發了潛力，並在實際工作中增強了領導力。

一直以來，企業家朋友們都勸我有必要將相關的知識、經驗、看法和觀點付諸文字，形成關於領導者自我改變的論述，以便讓更多的企業家獲益。在這樣的鼓勵和鞭策下，我總結了自己多年來在工作中了解、學習和發現的領導力要素，並結合大量讓人印象深刻的案例，形成這本能夠從多方面、多層次去綜合分析領導力的書籍。

在本書寫作的過程中，我儘量讓文字深入淺出，既有著嚴謹的學術理論作為背景支撐，也希望能夠明白如話，讓不同層次、不同要求的企業領導者都能從中受益。同時，本書層次清楚，按章節分別論述了關於領導力的問題，包括企業的使命和願景；企業的目標；領導者如何擔任教練角色；如何進行創新和變革；如何保證執行效果；如何開發員工潛能等等。透過對這些問題的分別探討，相信閱讀者能夠建構出關於領導力的全面系統的思維模型，並在實際使用中得到具體的收益。

領導力的提升是每位領導者都應該關心的問題，而優質的領導力也並非是什麼奢侈品 —— 只需要企業家們能夠始終保持清醒的頭腦、專注的注意力和不斷進取的精神，在工作實踐中不斷結合新觀點、尋找新思路，就能抓住提升領導力的關鍵，並得到非同尋常的進步和收益。而在此過程中，我期望這本小書，也能夠貢獻出應有的力量，同時，我也將不斷要求自我，在伴隨各位企業領導者的成長過程中，不斷進取、不斷完善。

第 1 章

擔使命，共築願景

從踏上領導者的職位開始，領導者就應幫助企業明確其責任、履行其使命。使命是企業區別其他競爭者的基石，也是領導者為組織確定策略的最初步驟。使命並非是企業具體經營運作的表述，而是領導者應當讓企業明確堅持的原則。為了讓使命更加具體化，領導者還需要用願景向下屬展示企業在未來五到十年或者更長時間的成長規畫，這也是比傳播使命更加重要的步驟。透過對使命和願景的傳遞，企業價值觀將得以形成，領導者將能夠統一起組織的共同思想而面對成長。

使命明晰，激發團隊力量

有這樣一個關於使命的故事：有三個人在同一個建築工地工作，做著相同的事情。有人問他們在做什麼。第一個人說「我在砸石頭」，第二個人說「我在賺錢餬口」，問到第三個人時，他卻說「我在建造教堂」。後來，這三個人的處境有著天壤之別。可見使命對個人、對團隊有著多麼大的影響。

傑克·威爾許（Jack Welch）曾說過：「優秀的企業領導者創立願景、傳達願景、熱情擁抱願景，並不懈推動，直至實現願景。」一家企業，一個團隊，如果不能明確自己的願景，這家企業和這個團隊就會陷入茫然。沒有人看得清楚未來，只有領導者在說一些空泛的辭藻，這對員工來說於事無補。看不清企業願景，自然不明白自身擔負的使命，責任不清，任務不明，團隊只會陷入一盤散沙的境地。

1945 年，27 歲的山姆·沃爾頓（Samuel Walton）用從岳父那裡借來的 2 萬美元，在美國的一個小鎮開設了第一家雜貨店，並於 1962 年正式啟用沃爾瑪這個企業名稱。1970 年，沃爾瑪公司股票在紐約證券交易所掛牌上市。

對 7 歲就開始賣報紙、送牛奶的沃爾頓來說，薄利多銷是商業成功的不二法門，「天天低價」成為公司經營哲學的基礎。他的目標是向一般人提供機會，使他們能買到與富人一樣的東西。為此，他為公司制定了三個座右銘，即「顧客是上帝」、「尊重每一位員工」以及「每天追求卓越」。

1989 年，沃爾頓被診斷出患有惡性骨髓癌，當年公司銷售額為 243 億美元，而主要競爭對手 Kmart 的年銷售額為 284 億美元。1990 年，沃爾頓做出了沃爾瑪 10 年發展規畫：到 2000 年，公司的銷售額將達到 1,290 億美元，成為世界上最有實力的零售商。1990 年代，沃爾瑪成長勢頭非常強勁，1997~2000 年的歷年銷售額成長率分別為 12%、17%、20%和 20%，遠高於 Kmart 的平均成長率（1995~2000 年 3.34%）。2000 年，沃爾瑪銷售額達到 2,000 億美元，列《財星》（Fortune）雜誌全球 500 大排行榜第二位，次年又躍升為第一位。

創始人沃爾頓的目標實現了，可他在 1992 年便離開了人世。

沃爾頓的離去，並沒有阻擋沃爾瑪成長的步伐。在沃爾頓為沃爾瑪制定了「使普通百姓能買到與富人一樣的東西」的願景的時候，他就為沃爾瑪的所有員工澄清了使命，那就是要努力奮鬥，讓沃爾瑪成為「使普通百姓能買到與富人一樣的東西」的偉大企業。使命的澄清，自然激發了員工的熱情，凝聚起團隊的力量，有目標，勁往一處使的企業才是偉大的企業！

我們知道，使命（Mission）是說明一個組織或個人存在的目的和理由或其存在的獨特價值。願景（Share Vision）則是一個組織或個人將使命付諸實踐、為之奮鬥不已，並希望達到或創造的理想圖景。二者的關聯和區別在於以下兩個方面。

- ✓ 對組織或個人來講，使命與願景都是其核心價值觀念的展現和提煉，也就是說有什麼樣的價值觀就會有什麼樣的使命與願景。而且，願景應當建立在確認使命的基礎之上，它又是將使命付諸實踐的動力泉源。
- ✓ 使命是組織或個人憑主觀努力就基本可以做到的（雖然可能異常辛苦），而願景則是組織或個人不懈追求卻可能永遠也達不到的一個宏大目標。

如「救死扶傷、治病救人」是醫生的使命，而其願景則是「疾病面前人人平等」、「使天下百姓病有所醫」。願景往往帶有理想化的色彩，也正因明知其難而孜孜以求才得以感人、得以偉大。

因此，具有強大影響力的領導者，總能指引員工，讓員工參與企業願景的規畫，並在願景呈現的過程中指引員工澄清自身使命，找到努力的方向。但在實際商業競爭中，總有一些領導者輕鬆的認為，自己為企業和員工制定了使命與願景，企業與員工就會努力奮鬥。好像一個「畫餅充飢」的使命與願景就能解決所有問題。

老闆拍著下屬員工的肩膀，「年輕人，好好做。只要你努力工作，公司一定不會虧待你。用不了兩年，保證你有房有車。」但是老闆剛一走，幾個員工就開始嘀咕：「今天老闆又給我『畫餅』了啊！」、「咳，別信這個。什麼有房有車啊，全是瞎扯，我們就是幹活的『工人』，你還真當老闆那麼看重你啊！」

因此，在使命澄清的過程中，領導者要透過塑造企業未來良好的發展前景以澄清員工使命，加強企業與員工的連結，也就是「大河有水小河滿」。而在澄清員工的使命與願景時，要實實在在的描繪在未來會隨著員工能力與業績的提升，他們所能夠獲取的物質與精神獎勵。為了讓員工不再感到虛無飄渺，領導者應該以成功的先例為基礎，有理有據的實施指導和影響。如此，方能以員工責任感激發團隊的熱情和力量。

我有一個朋友是 A 網路公司的老員工，在 2003 ～ 2004 年的時候，日子過得非常清苦，結婚的時候買的都是最便宜的素戒。當時在他的心中，公司上市是支持他堅持留在那裡、努力工作的希望。自從公司上市，他們小倆口的生活煥然一新。很多人認為是 A 公司自身的股票期權制度在支撐老員工多年來的辛苦創業。但反過來說，如果沒有競爭對手 Google 在資本市場的成功，A 公司的期權制度絕不會產生如此強大的效果。而今天，A 公司也同樣作為一個成功的先例，激勵著其他高科技創業企業的員工。

在管理變革中，一個成功先例產生的積極作用是難以衡量的。對於這一點，早在戰國時代，商鞅就以「立木賞金」的方式為我們做出了證明。而在願景激勵與使命澄清中，因為規畫的目標是長期的、帶有不確定性的，所以這些成功先例也就更加可貴。在國外一些商業銀行中，為了降低成本，普遍使用「代理制」，他們大量的基層員工（如櫃員、客戶經理）採用臨時員工的形式。這些臨時員工的待遇與正式員工相差很遠，但是工作的努力程度比正式員工有過之而無不及，而很重要的一個因素，就是「轉正」對他們的吸引。事實上，這種轉正並不容易，需要客戶經理們達到很高的業績目標，但這並不影響員工們努力工作，原因在於：第一，轉正之後待遇可以得到很大的提高。第二，銀行在員工轉正上有明確的制度和標準。第三，在過去，有過成功轉正的先例，證明這條路是能夠走通的！

團隊一旦成立，使命也隨之而來，但怎樣讓團隊成員看清楚使命，正是領導者應該充分考慮的課題，也是區別領導力高低的關鍵所在。

願景感召，重建信心

卓越領導力離不開在員工群體中謀劃出願景、提供感召力並重建員工信心的能力。領導者必須清楚，僅僅依靠書面的計畫和理性的分析，無法做到對員工的全面領導，只有利用符合企業現實的願景，才能充分感召員工，並幫助他們重建信心。對於那些真正出色的領導者來說，他們在企業最初的領導工作中，幾乎都是以願景、感召和信心做為中心，並運用不同技巧打造統一的領導體系。

在這三個要素中，願景是最基礎的發源。所謂願景是領導者對組織未來和實現目標途徑所做出的積極描述。為了設定出能有效發揮作用的願景，領導者必須要先獲得既符合組織策略現實、又具有新穎角度的想法，而領導者自己則需要為找到這些想法而付出努力。當然，領導者還需要具備足夠的想像力和思考力，能夠將這些想法進行轉化，變成富有意義而具備簡潔有力表達方式的描述，從而激起員工的興趣。

當擁有了這樣的願景之後，領導者才能進一步運用溝通、宣傳、處理人際關係、分配工作任務、協調工作資源等不同方面的技巧，來對下屬進行感召，幫助他們認識到如何從實現願景的過程和結果中獲得怎樣的收益。在這樣的感召過程中，領導者還將幫助下屬認識願景是應該如何從理論上的可能存在，而一步步成為現實中的存在。

透過願景和感召，組織將會進一步提升全體成員的信心，這樣的提升將會成為支撐整個組織實現願景的力量。而當成員的信心提升時，由於運用了領導力量和技巧，領導者本人也將得到信心的提升，並使得願景能夠沿著正確的方向得以實現。

在上述三個方面，優秀而成熟的領導者都能夠收穫成功。反之，只懂得規劃願景的人沒有資格成功，因為他們不懂得將願景變成信心提升的動力；而勉強維持下屬工作信心的人，也同樣難以獲得對工作的提升，因為他們難以創造出共同的願景。

可以總結出這樣的規律：無論對於小型團隊還是大型企業，領導力的高低直接取決於願景、感召力和信心三個因素。在這樣的規律中可以看到，領導者之所以不同於管理者，是因為他們具有創造願景、實現感召和激發信心的能力。

下面是推動願景發生作用的領導案例：麗思卡爾頓酒店管理集團，曾經獲得了行業中崇高的馬爾科姆獎。卡爾頓集團是整個服務行業中第一家因為高品質服務而獲獎的企業。有評論者說，這家公司之所以能夠獲得這樣的榮譽，很大一部分原因在於該公司總裁霍斯特·舒爾茲（Horst Schulze）對願景的推廣。

舒爾茲在成為該企業的領導者之後，在企業上下推行「要成為世界上服務最好的公司」的願景。每當他見到員工——尤其是在新酒店成立的儀式之前——舒爾茲都會向參加大會的員工們提出這樣的問題：「半年後，你希望成為怎樣的人？」、「半年後，你希望你所在的部門有什麼變化？」

經過在不同國家、不同分店對不同員工進行的願景提問，舒爾茲發現，員工們的回答越來越一致——成為最好的！這種願景描繪所產生的鼓勵和感召效應，大大提高了員工們對實現個人成長和部門業績提升的信心，也促使整家企業成為行業中的佼佼者。

同樣，在公司發生變化的時候，領導者利用願景去獲取員工的信心也顯得尤為重要。在美國電話電報公司併購麥考通訊公司之後，所有原本屬於麥考公司的員工，都收到了來自電話電報公司的禮物，其中包括電話電報公司的折扣券、總裁親筆簽署的表示歡迎的小冊子以及部門經理錄製的表示歡迎的錄影帶，更為特殊的還包括其中一張貼紙、一件 T 恤，T 恤上面印有「誰將領導未來通訊？是我們」的字樣，而貼紙則是印上「是我們！」這樣直接的字樣。

對於組織中的個體來說，願景只是他們在腦海中能擁有的意象。但對一個組織來說，如果想要用願景引起其中員工整體信心的提升，必須成為富有感召力的共識願景。

所謂共識願景，就是企業內不同成員所能共同持有的未來景象。願景就如同燈塔，能夠為企業指出前進方向，能夠為企業中的所有成員帶來力量並使他們不斷進取。因此，領導者要學會用營造願景來引導渲染企業中的工作氣氛，將願景變成形象且具體的價值觀進行推廣。當集體的願景透過領導者和員工的互動，變成員工個人的願景之後，就能夠大大提升員工對於企業的認同，反過來也可提高企業對員工的感召力。這種集體願景的指向越是明晰和精確，就越是能讓企業對員工的吸引力大為增強，並強化員工的認同感。

當願景能夠達到一定影響力之後，隨著時間的推移，企業的願景所能發揮的感召力會越來越大。可以說，沒有什麼能夠比有效的願景更能提升員工凝聚力和信心的了，尤其當企業正在實踐願景目標時，一旦員工相信願景和自己的關係是密不可分的，就會相信自己應該在企業的工作中花費充分的時間和精力去做好一切工作。

能夠產生感召力的願景是指企業員工共同願望下能夠達成的長期景象，其基本特點包括以下兩層。

首先，符合員工內心的願景才能感召對方。

願景不僅僅是領導者個人的想法，它需要能夠感召一群員工並能夠得到他們的認可和支持。這樣的願景才不僅僅是抽象的，而且是具體存在的東西。

可以說，有了能夠符合特定人群願望和利益、並使得他們衷心渴望實現的長遠願景，他人才會努力學習、追求卓越，並非是因為他們被迫要做這些事情，而是因為他們發自內心的意願。只有發自內心的願景，才能夠激發出這樣發自內心的力量。

其次，能感召員工的願景產生無限創造力。

真正的共識願景可以凝聚企業組織中不同人的力量，並使得其中的成員產生統一感。在這樣的過程中，願景能夠激發企業整體的強大創造力。正是這樣的創造力，能夠將企業整體拉向企業領導者想要實現的願景目標，並能夠促使在這樣的過程中產生新的思考和工作方式。

可以說，這樣的願景才是一個路標，使得組織中的絕大多數成員在遭受阻力和壓力時，繼續保持前進的正確路徑。能夠產生組織共識的願景，還能夠充分培育員工勇於冒險和創新的精神，為了願景的實現，他們可以不斷嘗試改正錯誤，並逐漸接近目標。

除此之外，符合組織現實的願景，無疑還能創造出更多的機會。任何企業組織的發展，如果只是採取對當前問題的修改和去除，就會造成員工的感召力喪失，並影響他們對未來的信心。而那些能夠符合組織現實的願景，才能夠讓員工追求更高目標，並創造出更多的機會。

下面這些願景類型可以成為符合組織集體和員工個人利益的感召動力。

物質利益願景

物質利益是員工的重要訴求，而從人性的欲望角度來看，作為個體的人也無疑想要透過為組織工作獲得更多的物質利益。因此，物質利益願景能激發員工的工作信心，也能夠增加員工對整個組織的認可，這將是在組織中開創良好領導局面的重要基礎。

打造良好物質利益的前提，就是領導者是否能夠幫助員工看到其在當前組織中工作所能獲得的利益。如果這樣的利益能夠產生吸引力，那麼領導者就應該毫不猶豫的將之作為感召因素提出，對成員進行激勵。

值得注意的是，領導者在對員工進行物質利益願景感召的時候，應該做到言出必行。一方面，應該用足夠的物質願景去影響員工，從而吸引並提高他們的工作信心和動力；而另一方面，領導者也應該懂得如何掌握好尺度，不能將虛無飄渺的物質報酬作為願景提出。否則很容易因此而適得其反。

另外，在運用物質願景去影響員工的時候，領導者應該將組織整體的長遠規畫和員工未來將獲得的物質利益進行結合，採取會議、個別交談、公告、郵件的方式，向全體成員說明。這樣，物質利益的願景就和員工的未來成長充分結合，從而讓員工能夠看到工作發展的希望，並擁有更高的鬥志。

成就欲望願景

成就欲望願景與物質利益願景有所不同，如果企業領導者想要讓員工有更持久的動力、更強的信心，那麼，就要積極運用成就欲望願景來刺激員工。

這樣的願景刺激模式其實並不難以理解，當企業內的員工工作年限不斷增加並獲得能力提升之後，領導者應該讓員工清楚的看到其升職的通道，同時應該提供升遷空間和升遷辦法。從員工內心角度分析，他們當中幾乎沒有人願意為企業做了一輩子事情卻還只是最基層員工。相反，採取適當的成就願景刺激，能讓有權力欲望的人看到希望、獲得感召。

善加運用成就欲望願景進行刺激，對企業中員工信心的提升，效果會很顯著。當然，需要注意的是，企業員工升遷方法的規畫要充分展現出公平和透明，這樣才能有充分的說服力。

情感歸屬願景

情感歸屬願景相對於前兩種願景的建構和運用有著更高難度。領導者經常提倡在企業中建立家庭式的工作氣氛，而這樣的願景的確能夠吸引組織成員。但是，領導者是否真的能夠從這樣的願景出發去指導自身工作，則需要他們進行更深入的思考和行動。

情感歸屬願景，必須用領導者的真心付出來建構。在運用這樣的願景進行感召時，領導者要注意自己平時的言行，並利用情感付出和連結作為基礎，從而獲得員工的認同，得到他們的付出。

某家大型公司，員工流失率在業內頗低，甚至連清潔人員也不願意跳槽，而是努力為該企業工作。這家公司如此之高的凝聚力被同行業競爭者所羨慕，我曾經特地去這家公司調查研究，詢問並不為人注意的清潔人員，為什麼他對自己的工作有著持續動力，他的回答是：「公司總裁每次走過我的身邊，都會誇獎我掃過的地面真乾淨。」

該公司的領導者可以說真正掌握了情感願景的感召模式，能夠讓員工身處企業，感受到如同家庭般的溫暖，從而願意不斷付出、不斷努力。

領導者之所以不同於普通團隊成員，在於其身體力行所表現出的感召力，讓願景成為領導力最吸引他人的感召內容，將有助於領導者和團隊的共同成長。

道德、責任、規則和追求

「願景」理論的提出者胡佛（Hoover）教授，曾研究過許多公司及非營利性組織。他發現，有些企業能夠依靠三個特徵發揮作用並獲得成功，在有些情況下甚至只依靠兩個特徵。但他認為一家真正偉大企業的願景應具備四個基本特徵，即清晰、持久、獨特與服務。

企業願景不僅是獨特的，而且是清晰且持久的，並輔以服務精神。清晰、持久、獨特和服務精神構成了願景的四大要素和支柱。願景作為一種理念，要能真正存在於企業的意識之中，還需要足夠的動力支持。於是，胡佛教授又在四大要素之外加上了「熱情」。他認為，對工作保持熱情是保證企業願景常在並具有生命力的重要原因。然而，如何讓企業中的每個人都保持熱情卻是胡佛未能說明的問題。

我們認為，願景的基本特徵應當是：道德、責任、規則和追求，如圖 1-1 所示。

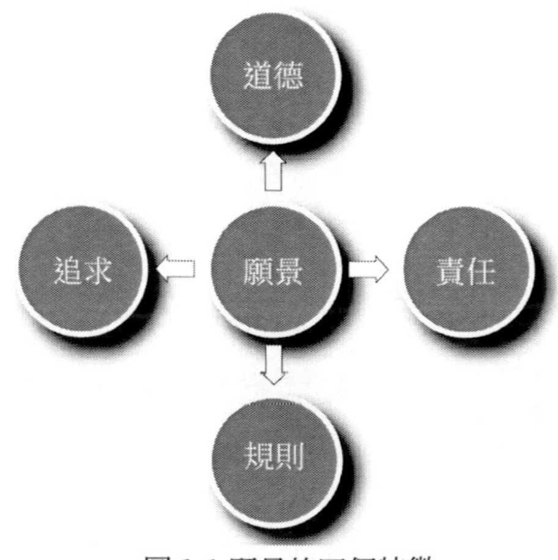

圖 1-1 願景的四個特徵

道德

道德是一種基本準則，它說明哪些事情可以做，哪些事情不能做。「黑社會」之所以不長久，首先是因為其不具備道德性。

1990 年代，在幫助美國運通集團等企業員工發展「情商（EQ）」的過程中，一些研究者發現，雖然情商可以使人具有高度的自制力和人際溝通能力，但它在大部分情況下是價值中立的，不能幫助人們區分「對」還是「錯」，以避免人們做錯事。安隆公司崩潰及隨後接連不斷的大公司財務醜聞，更說明價值判斷能力的重要性。

德商概念（MQ）的意義展現在以下三個方面。

第一個方面：這是個人和企業行動的「道德羅盤」。

就像羅盤一樣，德商可以幫助人們確定行為和目標的方向，讓人們在茫茫商海中駕馭自己的資源、情商、智商和技術，以規避風險而獲得成功。

臺灣進行的「1,000 家大企業用人調查」顯示，企業老闆用人最先考慮的是屬於 MQ 的「德性」（占 54.9%），然後是屬於 EQ 的「相處」（占 13.2%），而屬於 IQ 的「能力」只占 2%。

第二個方面：有助於提升企業形象，增強企業競爭力。

企業對社會責任的積極承擔，有助於員工樹立正確的人生觀、價值觀和責任意識，並增強團隊合作性；其中所表現出來的人文關懷，又會滲透到企業的各個環節，成為道德建設的重要組成部分，以強化員工的榮譽感、歸屬感和凝聚力。

第三個方面：企業應警惕「道德性弱智」。

一份研究報告顯示，當美國人了解到一家企業在道德層面有負面舉動時，比例高達 91%的人會考慮購買其他公司的產品或服務，85%的人會把這方面的資訊告訴家人或朋友，83%的人拒絕投資該企業，80%的人拒絕在該企業工作。

責任

責任是一種主動的擔當，是企業長期奮鬥的使命追求。使命與願景的主要區別在於，使命主要展現企業的社會責任，並不涉及企業的追求和長遠目標。

願景包含或作為使命，就必須展現（社會）責任，這種責任是對客戶、對社會（包括自身員工）的承諾，而不是企業組織內部的理想。因此，所謂「振興本國產業」、「爭取充分就業」及「支持環境保護」等均是企業社會責任的展現；所謂「國家第一」、「世界領先」與「令人尊敬」等，都只能作為企業家的個人追求和理想，沒有說明企業能為社會、顧客做何種事情，不能作為組織使命或願景。

以企業理想（某種精神甚至是企業家的個人精神）代替使命，既不能操作執行，又不能指引方向。

美國航空界素來勞資糾紛不斷，唯有西南航空公司從未發生過嚴重的勞動糾紛，也從未摔過一架飛機。

西南航空公司的人員配備是以淡季為標準的，堅決反對在旺季時大量應徵臨時員工、在淡季時則辭退員工的做法，認為這樣做會使員工沒有安全感和忠誠度。一旦旺季到來，所有員工都會毫無怨言的加班，空姐甚至飛行員幫助地勤人員打掃機艙的場面屢見不鮮。

為了保持獨特的企業文化，西南航空有一套非傳統的僱傭程序。當有人問是否聘用工商管理碩士（MBA）時，CEO 凱萊赫（Kelleher）直率的說：「只要我掌權，就不可能。我們的企業文化發端於心，並非來源於腦。」

西南航空不僅向員工提供穩定的職業，而且在內建構了一個完整的社會網路，白蘭地、墨西哥菜餚和壘球應有盡有；對外推出社會服務工程，大到獎學金，小至旅行包。公司每兩年舉辦一屆「文化節」，面對外界好奇的詢問，凱萊赫回答：「公司的祕密正在於沒有祕密，除了給人真情和笑意之外沒有固定的模式。」

總部設立在英國倫敦的非營利會員組織 Account Ability 只有 11 年歷史和 40 名員工，但影響日隆：世界 500 大的 CEO 們要小心翼翼的閱讀其發表的《年度公司責任排名》，政府領導者也將其發明的「國家責任和責任競爭力指數」作為重要決策依據。Account Ability 不鼓勵企業「大肆行善」，也不以揭露公司黑幕或醜聞為榮，而是始終圍繞著「企業管理層對公司行為負責」這一主題，致力於建立責任領域的「公認會計準則」，鼓勵企業家將責任與業務目標結合起來，深刻了解到責任是未來競爭優勢的來源，並在責任領域做出最精明的選擇。

富有社會主義思想的福特（Ford），1914 年開始實行利潤分享計畫，每年把 3,000 萬美元分給職工。他設立了裝置完善並擁有專職人員的醫療部門和福利部門，他於 1916 年在工廠中創辦職業學校，1926 年在職工中實行每週勞動 5 天、共 40 小時的工作制度；1936 年建立了福特基金會，用於資助科學、教育和慈善事業、以擴大福特本人和福特汽車公司的社會影響。

規則

規則有兩個方面的涵義：一是組織內部執行規則的建立，沒有秩序的組織不能稱其為組織，也就不可能持續性發展。二是企業組織對社會秩序、商業規則的遵守，蔑視法規的企業必將受到懲罰。

不論是在任期內還是在卸任後，傑克·威爾許對奇異公司憂心忡忡的不是盈利能力、不是靈活機制，而是企業誠信，是對商業遊戲規則的嚴格遵守。他對「誠信」問題不僅掛在嘴邊，還再三重申：業績不佳者可以給機會，但文化不相容者必須走人。

讓我們再審視一下默克公司的「座右銘」：公司的社會責任；公司在所有方面都絕對優異；創新以科學為基礎；誠實和正直；利潤，但利潤應來自於對人類的貢獻、保護和改善人類生活。

追求

責任的履行必須依靠充滿熱情、堅持不懈的追求。

1996 年，3M 公司廉價賣掉了自己的一些大型成熟產業，此舉震驚了商業新聞界。3M 公司的動因很簡單，就是要把資源重新聚焦到其永恆的追求上：創造性的解決那些懸而未決的難題。正是這一看似過於執著的追求，常常把 3M 公司帶入新的事業領域。

波音公司不僅僅是展望了其噴射民航機所統領的未來，還在波音 707 上進行了一番努力，才有了後來的波音 747。NIKE 不僅僅討論擊敗 Adidas 的想法，他們還把實現這個目標作為一種事業而為之奮鬥。1950 年代，菲利普·莫里斯公司的菸草市場占有率僅為9%，行業排名第六位，確立的目標就是打敗世界排名第一的雷諾菸草公司，果然最終在全球各地擊敗了強大的競爭對手。

道德、責任、規則和追求，是對願景進行解構的四個最佳角度，領導者從這些角度去判讀和分析願景，將能夠讓組織與團隊更清楚自己努力的方向。

分解與重塑願景的四個「支撐點」

願景，正在成為企業領導者們最關心的話題。在對組織的領導和管理實踐中，領導者們經常聽到的是願景。然而，與願景相關的工作，大都成為了領導者個人的工作，他們不知道應該如何去發揮願景的作用，不知道如何去利用願景感召所有員工，而是將願景單純理解為將老闆的意志轉化為企業意志的過程。

由此可見，想要讓願景真正成為推動企業不斷前進的動力，就要為願景找到支撐點，並將願景打造為企業實現目標的軟實力。

為了找到願景的支撐點，企業領導者必須要先從轉變自身對願景的看法做起。例如，在許多企業領導者對未來規畫和設計中包括企業發展願景的美好藍圖。無論是成為受市場推崇的企業，還是成為本國知名的品牌等，都能夠讓領導者自身感到工作的熱情和動力。但問題在於，他們並不擅長找到願景支撐點，將這樣的願景轉化和表達成為具體的語言，更不懂得向組織宣講願景。這就導致企業的願景沒有成為企業從上至下齊心認同的未來景象，更缺乏實際的落腳點。

在企業實際經營中，這樣的問題經常展現為領導者和下屬的分歧——某些領導者和具體負責經營管理、技術管理的經理、主管在討論工作時，能夠感到對方並不認同他們的想法和理念，並因此感到失望和氣憤。誠然，這樣的情況有很多因素導致，例如，上下級之間、領導者和管理者之間利益的差距等。但更重要的問題在於，領導者心中空有願景，而沒有找到願景的支撐點，才會導致員工不願意被願景牽引和指導。

如何讓領導者心中的願景成為能夠提振員工士氣並能夠激發他們前行

路上信心的工具？透過尋找和落實下面四個支撐點，就能將這樣的目標予以實現。

支撐點一：準確清晰的表達方式

願景的基本特徵在於其目標的宏遠和長期性，這樣的特徵構成了願景的本質屬性，但也正因為如此，導致企業願景容易成為模糊而好高騖遠的口號。正因為如此，在研究願景的支撐點時，領導者必須要將是否清晰和持久作為達成企業願景的重要基礎條件。

這樣的要求說明，領導者提供給企業整體的願景，必須要如同視覺化圖像那樣容易被描述和感知出來，而這樣的圖像，不能只是建立在想像方法上，而是必須要如同現實那樣可以展現在員工面前，從而產生強而有力的支撐。

美國領導力研究學者瑪麗·福萊特（Mary Follett）說過：「那些最成功的領導者，能夠看到還沒有變成現實的圖景，也能夠看到當下正在孕育而沒有出現的細節……最重要的是，透過對這些圖景的描述，他能夠讓下屬明白，這並非是他個人所想要達到的目的，而是所有人的共同目的，是整個組織的願望。」

作為企業領導者，不僅僅只能看到企業目前如何，更要看清楚企業未來會如何，要讓不同的員工看到自己處在的位置，同時也看清楚自身未來的樣子。這就意味著，企業領導者對願景的表達不是抽象的，而是形象化的。

因此，在向員工表達願景時，企業領導者不能只是用「優秀」、「卓越」、「一流」這樣抽象的詞語，因為所謂的優秀、卓越和一流，具體是什麼狀態，員工並不清楚。這些願景必須要用形象描述來展現出來。

對於這樣的表達方式，曾經有企業家做過很精確的描述：「我們的策略叫做畫餅策略，即告訴員工們未來的公司是什麼樣子的。」企業領導者必須將具體的願景展示給員工看，這樣才能確保願景不會模糊。比爾蓋茲（Bill Gates）向員工們描述企業未來時說：「我的願景是讓整個地球上每個家庭都擁有使用方便的電腦。」而賈伯斯（Jobs）也告訴下屬：「我的願景就是讓網際網路裝到你的口袋，並且隨時能夠拿出來使用。」

支撐點二：建立上下級信任

越來越多的企業習慣於用種種儀式感強烈的方法來激發員工的熱情，然而，由於複雜的原因，即使是企業領導者口若懸河，也難以獲得員工的信任。如果員工們不信任領導者、不信任組織，願景的實現之路也就難以出現。

在研究領導力的學者看來，獲得信任對於是否能推廣願景尤為重要，這是因為即使領導者能夠勾勒出最美麗的願景，但如果得不到組織中其他人的相信，也是難以產生價值的。同時，信任是整個企業內部的黏合劑，是願景被接受的踏腳石。

然而，不少公司的員工對領導者整體來說是缺乏信任的。這是因為許多領導者認為，採取命令的方式來控制員工，在日常管理工作中效率很高。但實際上，這樣的想法正是企業長遠效率提高的阻礙，由於缺乏足夠信任，企業的願景無法落實，員工工作熱情無法提升，也就難以獲得足夠的競爭力。

領導者怎樣能夠獲得員工的信任，並讓願景被廣泛接受？

A 公司中，有一個小型的圖書館，這個圖書館被命名為公司知識庫，公司員工憑藉自己的員工卡，就能進去借書還書，而根本沒有人進行監管。借書的員工在自己電腦上進行借書操作，而借閱的書籍過了期限之後，員工們需要繳付罰款。如果真的有員工在借書時不進行電腦登記，也不會有人知道，因為公司明確告訴員工，那裡不會安裝監視器。這樣的舉措，讓整個 A 公司的員工感到自己是被信任的，是被公司看做能充分信賴的人。正因為如此，A 公司的願景才能被員工們真正接受，並激勵他們為公司做出貢獻。

建立上下級信任是獲得願景推廣成功的關鍵。為此，領導者首先要像 A 公司的領導者那樣，積極信任員工。而並非懷疑員工是否能夠獨立完成工作，是否具有職業素養和職業道德。其次，領導者應該做出榜樣，成為員工的標竿，當你的行動展現出你對願景的信心時，將會發現員工對願景也充滿信心，並對你產生信任。

另外，在實現願景的過程中，不斷的成功也能夠激發上下級之間的信任。人人都願意追隨那些成功的領導者，如果你想獲取員工的信任，就應該努力做出成功的事情。當你發現自己不斷成功，就會發現，員工會追隨你投入更多努力，更加接近願景實現。

支撐點三：合理分解企業願景

宏碁公司在成立之後，最先設定的願景是「打破人與技術之間的障礙」，而當該公司進軍軟體業之時，又進一步提出了「人類溝通工具」的願景。隨著願景的遞進，宏碁的領導者對企業員工提出了新目標和新要求，其願景的核心沒有變，但卻在不斷的累計傳遞。事實上，宏碁將企業願景分解並逐步提出，才是該公司二十多年來不斷進步強大的重要原因。

正是因為企業的願景最初都是宏遠的，將願景進行分解，對領導者來說就顯得更為重要。

下面是領導者分解願景的具體出發點：

首先，企業中不同階層、不同部門或者不同員工，都有不同的利益關注點，在這樣的情況下，企業領導者找到利益的契合點，才能正確分解願景。

其次，企業的願景有可能需要花費數十年的時間、數代人的努力才能得以實現，因此，分解願景，必須要圍繞終極願景去設定不同的具體願景。

再次，可以按照願景實現的環節進行分解，在願景變成整家企業共同追求的過程中，要做到對員工進行持久的宣講，同時，還應該在堅持過程中做到動態即時的調整。

當企業願景實現一個小目標之後，圍繞著終極願景，領導者必須要迅速提出不一樣的目標，並透過更多途徑來實現。

支撐點四：對員工時刻進行願景灌輸

大多數企業的願景之所以沒有找到合適的支撐點，在於一開始的宣傳總是轟轟烈烈，而隨著時間推移，對員工的灌輸也就慢慢停止。同時，伴隨更多年輕員工加入企業，領導者必須要讓願景成為被員工充分接受的共同目標，目標要具備充分的挑戰性和可實現性。

想要做到這一點，企業領導者必須要找到願景和員工個人利益的一致，不斷向他們灌輸其能夠從實現企業願景過程中的價值和利益。

例如，在世界 500 大企業之一的 3M 公司中，對員工進行願景的灌輸，並非以喊口號的形式出現，而是利用利益的影響進行統一。例如，員工如果想成為發明專家或者是產品推廣者，就可以向企業申請援助資金，用於啟動個人專案，並確保開發時間在總工作時間的 15%之內，同時也允許個人專案的失敗。正是這樣的做法，3M 公司在上百年歷史中擁有了數萬種高品質產品，不斷讓企業願景得到新員工的接受。

單純向員工重複願景，必然會因為其單調、平庸而引發員工的反抗心理。因此，領導者有必要掌握相關方法，並在工作實踐中積極運用，找準支撐點，做到正確分解與重塑願景。這樣，願景將為組織營運提供更高的價值。

企業使命與個人使命的魅力與規畫

企業使命是企業在未來一段時間內經營過程中其行為準則、營運宗旨和價值觀念的綜合。科學的企業使命，能夠表現出社會利益、企業利益和員工利益的整體統一。因此，企業使命如果規劃得當，既能夠反映出企業的責任，也符合社會的利益，同時反映企業員工團隊的集體意志。這樣，企業的使命就如同看不見的手，能夠發揮其影響力，以吸引不同工作職位上看似獨立工作的員工，幫助他們進一步規劃其個人的工作使命，並為實現企業使命目標而努力。

企業使命，不僅能夠形象和具體的表述企業在社會經濟領域中的身分或角色，管理者還能夠透過對使命的充分思考，制定出明確而現實的事業目標。可以說，任何企業之所以存在，都可以找到其特定使命，而當企業明確了自己所肩負的使命之後，才能發揮其魅力，著手完成最正確的事情。因此，企業使命，不僅僅是為了描述組織而產生作用，更能反映企業的靈魂。

規劃企業使命過程並非簡單。領導者對企業使命如何規劃並表述，將會決定其使命魅力的大小，包括對企業宗旨、經營目的、使用者、產品、服務、市場以及基本技術等表述，都會影響企業使命並影響員工個人使命的效果。

通常，領導者可以將企業使命的規畫和表述分成下面三個方面。

首先，明確企業發展的目的。

在確定企業發展目的時，應該積極向員工和外界說明，企業需要滿足客戶怎樣的需求，而不是將企業生產什麼的產品作為企業發展的目的。這是因為顧客之所以認同企業帶來的價值，並不僅僅是因為產品或服務的實體，而是源自其帶來的滿足程度。為此，員工個人的使命也應該符合這樣的規律：懂得自己滿足客戶哪方面的需求，而不是只懂得自己要做出什麼事情。

例如，A 集團的企業使命，所描述的發展目的，正是建立在對消費者需求滿足上的。在公司領導者所提出的使命中，對消費者滿足的需求為提供綠色乳品、傳播健康理念；對客戶滿足的需求為：合作雙贏，共同發展；對股東滿足的需求是：高度負責，長效報酬；對員工滿足的需求為：教育培訓，成就人生；對社會滿足的需求為：依法經營，振興產業，保護生態，回饋大眾。這些發展目的描述，並不是停留在表面描述，而是轉化為對不同利益方向不同需求的滿足，因此產生了強大的吸引力，鼓勵大批員工樹立個人使命，為之服務。

其次，企業使命應包含企業經營的哲學。

企業經營的哲學包含著企業基礎的價值觀、為企業內外所認可的行為準則和共同信仰等。這些哲學能夠透過企業對內外部環境的態度而展現。因此，企業的經營哲學可以高度提煉成一句話，但並不需要太長。同樣，企業也應該將經營哲學與自身的目標與策略進行區別，而以其中的傾向性態度和總結性觀點，去影響企業員工看待自身使命。

例如，B 公司的企業使命中，包括「像對待技術創新一樣，致力於成本創新」這樣的經營哲學。而正是因為將這樣的經營哲學融入到企業使命中，就能夠讓使命變得更加圓滿和立體。透過這樣的表述，讓員工了解到，企業的工作並不完全是單純賺錢，而是在創新所帶來的成就上，這樣，他們也就會更加容易被企業的整體使命所打動。

最後，企業的使命還能夠協助企業塑造其形象。

企業形象是指企業利用其產品和服務創造的經濟效益和社會效益，為企業內外留下的影響，從而影響社會公眾和企業員工對企業所做出的整體性看法。良好的企業形象，必然能夠讓企業的信譽在社會公眾和企業員工心目中迅速提升，並能夠吸引客戶、提高內部凝聚力。因此，企業領導者必須要注重在使命的設定過程中，形成獨特的風格，將企業經營哲學貫徹到使命中，並要求全體員工根據這樣的哲學形成個人的工作使命，從而達成企業形象的圓滿建構。

對企業使命的制定包括上述各方面的重要內容。雖然並非所有企業領導者都利用文字表述來制定企業使命，但已經有越來越多的企業將使命的表述看做提升領導力過程的重要步驟。擁有一個讓員工激動的使命，能夠啟動企業的策略潛力，能夠聚集企業員工的人心，激勵他們互相合作、面對企業內外做出更多承諾。更重要的是，企業使命的魅力，能夠讓員工將自身工作的過程看做對企業使命實現過程的親身經歷，而不僅僅看做是一份工作。如果他們長期保持這樣的態度，就能夠得到自身工作使命的明確化。

企業使命一旦經過規劃並建立之後，就應該保持足夠的特性去發揮其魅力，這些特性包括以下幾個方面。

✓ 長期性。因為企業的使命包括企業對未來的描述，因此，使命不應該是隨意變動的，領導者應該設法保持其必要的穩定、長久和持續。

✓ 指導性。企業使命應該是對企業看重的指導政策的描述，應該能夠對員工個人產生應有的引導作用。

✓ 激勵性。在領導者對企業使命的描述完成之後，這種描述必須要讓全體員工感受到使命的重要性，讓員工在個人工作過程中能夠帶著對企業使命的認同而參與，並因此改變對個人使命的觀點。

當然，領導者還需要看到，使命並不僅僅是企業整體的事情，企業的使命最終應該落實到每個員工身上。這就是為什麼在許多優秀的企業中，領導者並不需要持續花費太多力氣去鼓勵員工努力工作：因為在員工身上有著多重的使命感。

這些使命感包括以下三個方面：第一，員工對社會所具有的使命感。例如，參與技術研發的員工是為整個人類社會尋找更加高效能的技術。對領悟到這一層使命的員工而言，工作使命不僅僅是獲得薪資和職位；其次，還包括對企業使命感的認同，這種認同也將表現在員工的工作態度之中；最後，還包括對自身工作使命的準確定位。

由此能夠看出，如果領導者可以將一家企業的使命真正灌輸到員工的頭腦中，那麼，員工就會因為這種使命的分擔，而努力將其工作做到完美無缺。反之，沒有感受到企業使命魅力的員工，無法為企業內外提供高品質的工作效果，難以帶來高品質的產品和服務。因此，領導者的工作不僅是規劃企業的使命，還應該教會員工將企業的使命看成是自己的使命，將他們個人的追求融入企業長遠的成長過程中，實現大使命和小使命的共贏與和諧。

總之，企業使命的重要性毋庸置疑，而企業使命更不是隨意寫就的。使命必須要結合企業主體、環境和員工三者之間可能存在的矛盾，對其中的問題進行解決，從而發揮持續不斷的魅力，影響員工集體意識，便於企業領導者領導力的長遠發揮。

本章小結練習

1. 請寫出你所在企業的使命。
2. 設想你領導下的組織在 5 ～ 10 年後的願景。
3. 請設計出簡短而充滿吸引力的短句，能夠向員工描述願景。
4. 寫出你為自己設計的個人使命，並描述其對組織使命的影響。

第 2 章

定目標，明確方向

一個組織必須要先有具體目標，才能有強勁的前進動力。為此，一位能讓員工團隊清楚其目標的領導者，才能合格的發揮其領導力。領導者必須要有充分的全域性觀念，並能夠高瞻遠矚的看待目標 —— 在對組織和團隊進行具體管理之前，他會首先制定好合理的目標，然後將這樣的目標進行有效分解，並逐步落實到每個員工的行為中。而為了讓下屬認清目標，領導者更應該讓下屬看清楚整個組織所面臨的環境和形勢，確保每個員工都能清楚自己應該為目標付出何種具體努力，從而讓整個組織為目標而奮鬥。

宏遠目標與短淺目標

在對組織進行領導的過程中，必須進行適當而必要的規劃。其中，確定工作目標是領導者重要的工作內容。

如果不知道目標何在，領導者就無法透過管理和變革等工作去提升組織的執行效率，同樣，如果不知道自己身處何處、所向何處，就不可能走上正確的領導之路。因此，確定領導途徑的最初步驟，就需要確定整個組織的目標。

目標是一個人或者一個組織努力追求獲得的東西。目標不論大小，從不同側面展現出了組織和領導者的價值觀。例如，一家企業的領導者看重效率，他就會確定和效率相關的目標，並在執行目標的計畫中任用那些效率高的員工。而事實上，每個領導者都會透過對組織目標的設定，鼓勵員工去記住且履行自己提出的工作要求。

然而，和大多數人自身的人生規畫一樣，不少組織的目標存在著不同程度的問題，甚至根本就沒有目標。因此，形成並表述組織的宏大目標並將其細化為短淺目標，無論對於領導者本人還是整個組織的工作效率提升都會產生重要的效果。事實上，很多企業的確是主要依靠設定企業的目標就改變了發展的命運。

赫克托·魯伊斯（Hector Ruiz）對 AMD 公司的領導工作，展現了為企業組織設定目標的意義和價值。儘管 AMD 公司和英特爾這樣的龍頭比起來要小得多，但是，在魯伊斯的領導下，AMD 證明了他們在有效目標下產生的充分競爭力。當魯伊斯成為該公司領導者之後，他首先制定出了名為「50×15」的宏遠目標 —— 即在 2015 年時，能夠讓全世界 50%的人口獲得網際網路的線上服務。他是這樣解釋該目標的：「全世界還有十幾億無法獲得充分服務的貧困消費者，雖然沒有多少人關心這些金字塔的底部，但那裡顯然存在龐大商機。」

為了逐步實現這樣的宏遠目標，魯伊斯在上任之後，為 AMD 公司在接下來的幾年中設定了下面的淺顯目標：在接下來的 2 ～ 3 年內，實現市場占比翻一倍。在這樣的激勵下，AMD 其他的部門主管則提出了更高期待，他們希望公司的處理器產品能夠獲得 50%的成長。

由於這樣的激勵，曾經一度不穩定的 AMD 公司，展現出能夠將財務和策略目標充分穩定下來的決心和能力。2004 年，該公司的銷售收入達 50 億美元，比 2003 年成長了 40%，利潤超過了 1.5 億美元。而僅僅在前一年，公司還虧損了 2.74 億美元。

顯然，制定組織的宏遠目標和短淺目標，幫助魯伊斯推動了 AMD 公司的發展，如圖 2-1 所示。

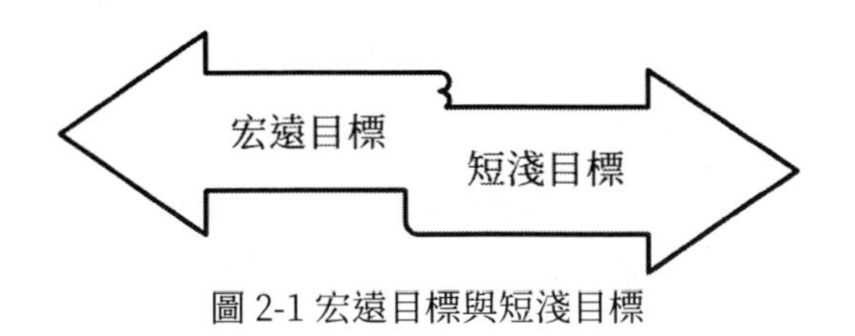

圖 2-1 宏遠目標與短淺目標

整體來看，企業的目標應該制定得高瞻遠矚，但同時也要現實可行。其中，高瞻遠矚的策略性因素展現在企業的宏遠目標中，而實際可行的戰術性因素展現在企業的短淺目標中。這樣，組織的夢想可以用領導者精心設計的語言表達和描述出來，並透過實際工作的安排轉化成為短期的事實要求和數字要求。這樣，就具備了對組織加以領導並最終實現夢想的基礎。

具體而言，在制定企業的目標之前，領導者必須意識到宏遠目標的重要性。

首先，宏遠目標必須是長期的。設定了宏遠目標，是為了不被工作中短期的挫折所壓倒，這正如同當你離家去工作時，不可能期待路途上所有的號誌燈都是綠色，但你依然能走到更遠的地方。

其次，宏遠目標必須是特定的。只有將宏遠目標設定在一定的範圍內，形成具體的期待和願景，才能說企業獲得了準確的目標。

另外，宏遠目標必須要真正遠大而並非簡單易得。卓越有效的領導者通常會透過設定那些非凡目標，作為美好前景來對整個組織進行鼓舞。當然，設定那些看起來合理而可以實現的目標也具有一定的效果，但是，僅僅有這些目標，會缺乏應有的鼓舞性，這樣會讓組織失去鬥志，追求舒適愜意的工作狀態。

當然，僅僅有宏遠目標是不夠的，為具體目標工作比起宏遠目標而言更容易獲得高績效。另外，只面對過於困難的目標，員工的工作績效很可能降低，並引起組織的整體挫折。

為此，組織領導者還應該掌握將宏遠目標分解成為淺顯目標的方法。這樣的分解過程考驗著領導者的能力和技術，是幫助下屬明確各自目標責任的前提，也是讓宏遠目標得以實現的重要基礎。

常見的對宏遠目標的分解方法有兩種，分別是「剝洋蔥法」和「樹杈法」。

在「剝洋蔥法」中，領導者應該將宏遠目標看成是一個洋蔥，然後分別按照層級順序剝下去，分解大目標成為若干小目標。透過這樣的方法，再將這些不同的小目標分解成更小的目標。在這樣逐級分解之下，原先看似宏大而難以實現的組織目標，得到循序漸進的分解，並按照從目前到未來、從低到高、從細微到整體的逐步推進。

在「樹杈法」中，分解目標的過程也同樣具體。不妨試想一棵大樹，大樹的整體樹幹就是領導者為組織設定的宏遠目標，而其生長出來的每個樹枝，依次代表不同級別的小目標，直到最終的樹葉層面，就是領導者需要員工馬上去完成的切實淺顯的目標。

無論是上述哪種分類方法，宏遠目標和淺顯目標之間都存在著逐層遞進的關係，這種關係應該展現出嚴謹的邏輯關係。領導者應該確保每個小目標都是實現大目標的組成條件，而大目標則是小目標所形成的結果。如果所有淺顯目標都能夠逐一完成，那麼，組織和領導者最終將會迎來宏遠目標的順利實現。

「不積跬步，無以至千里」，領導力的發揮並非一時一刻的心機，也並非只有高瞻遠矚的宏大。企業家必須要學會將宏遠目標和淺顯目標的關係理順，並相互促進和彌補，讓宏遠目標去引領淺顯目標，讓淺顯目標去展現宏遠目標，這樣，就能讓組織從目標的層次劃分中收穫動力和希望。

目標導向的領導力

領導力想要獲得高效能使用，離不開多元化的激勵方式。而企業家更應該看到，對目標的使用，本身就能達到正確激勵的作用。

之所以說目標本身是一種激勵，是因為目標是在一定的環境和條件下，企業處理和解決問題之後將要達到的結果和目的。對目標正確認識以後，正確確立目標，並科學的對達到目標的途徑步驟進行選擇，做到合理控制實現目標的程序，這就是目標導向的原則。

在目標導向原則的作用下，領導力主要應該作用於對目標進行實事求是的確立和正確處理目標兩方面。這就要求確立目標必須要符合企業實際，要從整個組織現有情況出發，並考慮到客觀環境需求。而為此所確立的目標既不能過於簡單，又不能太過艱難，這就決定目標一定要實事求是，也不能一成不變。

目標導向原則，需要先找到正確的目標。這是因為錯誤的目標很容易導致組織的失敗。

1970 年代，美國多家企業在政府支持下，確立目標要研製超高速飛機。然而，確立目標只考慮到了技術卻忽略了其他方面的影響因素，導致目標不全面。結果，由於震波和噪音汙染等問題，引起了民眾不滿和抗議，最終不得不放棄該項目。

依然是美國，在 20 世紀中期，美國政府和企業將發展的重點放在了核動力引擎上，直到 1957 年，前蘇聯將人類第一顆人造衛星送上太空，美國才發現自己選錯了目標。

可見，掌握目標導向原則，必須要看到目標的重要性 —— 只有那些內容科學準確、具有調整的可能、同時兼具挑戰性和實現可能的目標，才能有助於領導力的發揮。

企業具備了統一明確的目標，企業領導者的領導力才能有的放矢，形成方法，從而在組織內部打造出和諧穩定、精誠團結的團隊。

目標的設定，固然離不開領導者的高瞻遠矚；而目標設立之後，伴隨目標在企業內部的傳達執行，想出並使用統一員工工作方向、增強凝聚力的方法也十分重要。觀察那些已經做大做強的企業，他們之所以還能夠形成明確的成長模式，成為行業中的菁英，與企業領導者在明確目標的基礎上使用正確的領導方法有著重要的關聯。

A 網路公司之所以能夠獲得成功，與其領導者的目標導向思維和方法有著難以分割的關係。從一開始，領導者就清楚自己想要帶領企業獲得什麼，在充滿各種機會的網際網路領域，他將企業定位在專注搜尋領域的服務上。因此，技術專家出身的領導者能夠摒棄盲目的技術崇拜感。在網際網路經濟發展的高潮期，他可以無視其他企業的盲目投入，而是縮減企業開銷；在整個行業陷入低谷的時候，他也能去鼓勵員工，讓他們不是單純看到眼前利益，而是將眼光放得更加長遠。

觀察 A 網路公司和其競爭對手之間的不同之處，我們就能發現，Google 以技術發展為企業的主導，鼓勵員工進行多種多樣的創新，這就帶來了 Google 大量的新興產品，並幫助 Google 獲得更多好評。與之相比，A 網路公司對產品的開發，發自於更加明確的目標導向，而這樣的導向就是其領導者所看重的使用者體驗。

從某個角度來看，Google 所開發的那些非常新奇、非常炫酷的產品和技術，A 網路公司也有可能觸及，但 A 網路公司推出新產品，最主要的目標還在於最終有多少使用者能夠使用。這就決定了只有產品真正能夠滿足大量使用者並為他們提供幫助的時候，A 網路公司才會進行實踐。

在這樣的過程中，其領導者的目標導向思維表現得淋漓盡致。作為企業領導者，他對未來有著清晰認識，所以才會先制定出明確的目標。而有了目標之後再去找方法，才能保證企業上下在執行的時候充分考慮到不同環節，從而掌握機會，贏得成功。

從 A 網路公司成功的過程中可以看出，目標導向是發揮領導力的重要基礎。

企業想要獲得成功，必須要在領導者的努力下，明確目標，並圍繞這個目標發揮領導力，將企業內部打造成為合作型的團隊。這是因為，在實踐過程中，不同的主客觀因素妨礙了企業領導者對團隊的打造。例如，企業的不同部門之間經常因為缺乏同一目標而難以協調：生產部門的產品卻在銷售部門那裡難以推銷；設計部則可能不明白市場需求和生產實際，去開發自認為需要的產品。

缺乏目標導向還會導致員工和管理層產生分歧，員工會抱怨管理層不願意去解決實際問題，而管理層則會批評下屬對企業問題無動於衷。即使在管理層內部，如果缺乏目標導向的領導者，也會對企業發展需求有著不同理解。

可以說，企業領導者想要成功，必須要先制定好統一目標，並讓目標賦予指導性。這樣，才能去協調所有可能的方案，並保證領導力的實施效果。

通常來說，企業在一段時間內的主要目標只有一個，可以按照企業自身的生產經營目的來進行定義。例如，美國貝爾電話公司的總裁西奧多·魏爾（Theodore Vail）就曾經將企業定義為「服務的目標」。當企業的主要目標獲得明確之後，企業在不同領域的目標才能夠得到繼續確定。

因此，領導者必須要精心選擇企業主要目標，才能使企業生存、發展和繁榮。當高層領導者制定出企業的主要目標之後，還需要將之繼續轉變成為不同部門的具體生產經營目標。

當然，即使是企業的主要目標，也應該以集體的需求為前提，而並非讓下屬完全被動接受。如果主要目標的設立充分合理，下屬還有可能主動配合企業領導，結合主要目標提出自我目標，爭取上級批准。這樣，領導力就能得到完美發揮和貫徹。

目標導向的領導過程，與企業傳統的領導有著很大差距。

根據我多年的觀察，從傳統的領導思維講，很多企業只有一個主要目標，就是讓企業的利潤最大化。然而，在目標導向的領導過程中，企業對於利潤的需求，只是目標之一。而更為客觀的領導力觀點：利潤只是企業在實現一系列正確目標之後的間接和必然結果，如果只是將目標單一設定在利潤最大化上，企業領導者將很容易忽視那些原本非常重要的生產經營領域，包括技術研究、人力資源培訓和員工福利等。一旦其他競爭對手在這些領域上發力，企業就會面臨失敗風險。

另外，傳統的領導方式，常常來源於驅動型或危機型領導思維。其中，驅動可能來自於企業的生產力方面，而危機也有可能出現在企業存貨或者品質問題上面……然而，如果只有這樣的關注點，很有可能因為沒有對企業進行真正改善，導致領導者勞而無功。事實上，在目標導向的領導風格中，企業應該在生產力、存貨或者品質方面設立精確的、可以量化的具體目標，而企業員工將會有步驟、有規律的朝這些目標努力。當全體員工在目標導向的領導力引領下，將注意力集中在這些目標上，付出了真正的努力，才能得到應有的結果。

當然，由於企業的整體情況會隨著市場變化、科學技術進步、經濟政治形勢發展而不斷變化。因此，領導者必須要對曾經確立的目標進行不斷重新審視，並進行調整和確認。這也決定了目標導向對領導力發揮的影響。

整體來說，在傳統的領導力作用過程中，企業家更多看重過程，強調企業在經營發展過程中的規則、程序和制度所發揮的影響。但在這種對過程關注的氛圍中，企業的目標卻被忽視了。反之，目標導向則強調對目標的重視，並因目標的導向而關注過程。以旅行舉例，很多傳統的領導者只關注乘坐火車是否舒適，而不太在乎火車的方向。目標導向決定了領導者必須首先明確火車的目的地，然後才會關注旅程本身。

在目標導向的領導方式下，員工有更多機會按照自己的工作意願進行工作，為此，他們將會在工作過程中良好的進行自我約束和發展，發揮自身潛力。反之，如果只是依靠外部的控制，只能採取對過程關注的方法去鞭策甚至懲罰員工，那麼員工必然會喪失工作責任感，讓工作缺乏主動性。

要讓領導力作用於組織，就需要為達到目標而設定下屬的目標行為。而要完成這些目標行為，又必須先經過領導者對他們的目標導向行為。為了保持下屬完成目標的行為動力，領導者應該運用目標導向行為，促使員工朝目標的行為不斷延續。這意味著，當員工一個目標完成後，領導者必須提出新的更高目標，以便讓領導力進入到新的目標導向作用的程序之中。

目標決定事情之輕重緩急

自然界中無奇不有，在某海域曾經發生這樣的事情：有300隻鯨魚因對沙丁魚追逐，不知不覺被引入淺水海灣，導致大量死亡。從這則消息中能夠清晰的看到，導致300隻鯨魚陷入死亡境地的原因在於對目標的追逐上。實際上，鯨魚將自身的精力全部投入到對沙丁魚這種非重要目標的追逐上，而耗費了太多注意力。

如同鯨魚一樣，那些看似強大的企業，如果無法分清事情的輕重緩急，就會為了實際上並不重要的目標而白白耗費自身的精力。這是因為它們實際上沒有去區分事情的重要程度，只是將精力專注在小事情上，而小事情最終導致它們忘記了自己原本應當重視什麼。

企業的領導程序非常複雜，領導者每一天都會碰到不同的事情，有大有小，有重要也有瑣碎。如果沒有目標，領導者可能發現，儘管自己很忙，也容易掉進瑣碎事務的陷阱中。一旦真正將目標明確，就知道在工作中應該放棄什麼、堅持什麼，將一切領導事務按照既定的工作目標進行安排。

在對公司的領導和決策過程中，認清目標，在工作中展現出輕重緩急。這是領導者應當著力掌握的問題，正如美國領導學大師卡特（Carter）所說過的那樣：「領導的最佳時機並非僅僅是快速，而是適速。」一家企業不管其執行是簡單還是複雜，不管其管理是否充分有序，企業領導者所面對的工作，總是比現有的決策和執行資源所能做的事情更多。因此，企業必須要圍繞現有目標做出輕重緩急的決策，否則很容易一事無成。同樣，公司領導者是否充分了解企業，是否能夠對現有組織的特點、長短處、機會和需求進行客觀理智的決策分析，也會展現在最終的決定結果中。

懂得怎樣圍繞目標安排的輕重緩急的工作順序，能夠將良好的工作想法轉化為實際有效的工作承諾，能夠將領導者的策略遠見變成下屬的實際工作行動。輕重緩急的決策內容展現了領導者是否真正了解目標，並決定了企業的基本經營行為和長期策略步驟。

不少向我提出過諮詢的領導者自認為已經排列好了各個目標的清晰順序，然而，他們並不知道自己是否真正掌握了順序，也不知道哪些事情是最重要的。為了避免這樣的問題，領導者必須先要為組織設定好現實目標，這些目標應該順序清楚，並能對企業的整體績效產生重要影響。

例如，在 2002 年，朗訊公司的領導者將最重要的目標設定為縮減成本。這是因為，朗訊公司的債務在之前累積到了一定程度，願意給該公司放貸的銀行越來越少，這導致該公司在當時幾乎無法支付債務的利息。因此，當時朗訊公司面臨的最主要任務，首先在減少公司的現金開銷上。這就要求朗訊公司立刻將應收款項、存貨進行壓制，限制到最低水準，同時，還要及時出售那些並不需要的資產，並將自身的某些製造工作進行外包來降低成本。

在完成這些任務之後，朗訊公司進行的第二項任務就是做好客戶的服務工作，並為自身帶來可靠的收入來源。

在朗訊公司領導者的管理下，將上述目標按照順序清晰完整的傳遞給公司員工，並將之樹立為公司日常經營管理的指導原則。

在明確傳遞了目標的順序之後，領導者的下一個任務就是將其中每個目標簡化。那些能夠成功圍繞目標來制定執行順序的領導者，他們對目標的認識是簡潔而直接的，能夠闡述出自己對於不同目標順序的理解，而且懂得如何對這樣的理解進行簡化，從而保證企業員工能夠很好的對之進行評估與執行。最終，不同目標的順序，將會由於領導者傳播自身的理解，而成為整個組織的共識。

為了能夠明確不同目標的順序，企業領導者有時候還必須要徹底改變自己原有的思路。

2000 年 8 月，作為世界上最大的零售連鎖集團，沃爾瑪集團高層任命了新 CEO。當時，沃爾瑪面臨著較大的競爭壓力：競爭對手表現出強勢的進步，而沃爾瑪自己卻將目標轉移在電子商務之類的目標上，導致他們忽略了對原有核心業務的關注。此時，企業的股票價格已經不斷下跌，在一年之內下降到了原有股價的三分之一。

當新 CEO 上任之後，公司高層要求他去領導公司建造更多門市來挽救企業發展的頹勢。然而，CEO 堅持認為，目前企業所面臨的問題，在於沒有分清楚工作的輕重緩急，導致目標無法集中，而建造更多門市，只能導致問題變得更加嚴重。由此，他將「提升現有商店業績水準」的目標放在最優位置上，集中企業所有的人力物力，以提高門市的整體邊際利潤和銷售額。

為了能夠實現這樣的總目標，CEO 對目標進行了層次性的分解，並規劃出三個不同順序的步驟，如圖 2-2 所示。

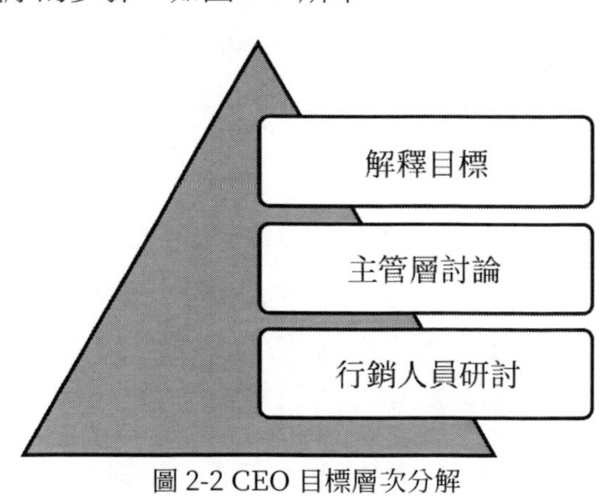

圖 2-2 CEO 目標層次分解

首先，CEO 分別向十位直接受自己管理的下屬解釋了目標，並與他們圍繞這樣的目標進行了討論。討論範圍涉及具體的實施方案，包括如何去實現這些目標、需要在過程中克服哪些困難、應當怎樣激勵員工等等。

隨後，CEO 召集了 100 名門市店長，舉行了為期兩天的討論會。在討論會議上，他向店長們闡述了公司目前的困境，以及目前困境產生的原因。根據這些內容，他提出了帶領企業走出困境的方法等等。在會議上，他還向店長們指出了下個季度明確的工作目標，並和所有人討論，得出了實現這些目標的具體方案。

最後，CEO 又為公司總部幾百名行銷部門的負責人開了同樣的研討會。

透過施行這樣一系列改革措施，最終產生了良好的成果。到了 2001 年 12 月，沃爾瑪的整體利潤獲得了很大提高，股票價格也成功翻倍成長。

在上述案例中，該 CEO 之所以能夠獲得成功的領導影響，是因為他先為企業組織選定了正確的目標，其次，選擇了正確的步驟順序去影響不同層級的下屬。透過這樣的努力，保證企業目標獲得了正確的輕重緩急執行順序。

想要和這位 CEO 獲得同樣的領導成效，企業領導者在確立目標的時候，首先要做到少而精。這是因為，目標越多，區分事務輕重緩急的難度就越大。當目標變多的時候，領導者就會發現，員工會感到難以區分工作重點，不知道怎樣開始工作，甚至根本不清楚自己到底要做什麼，最終沒有實現任何目標。推而廣之，許多企業組織整體上沒有獲得良好業績，也是因為制定的目標太多，他們總是有一大堆目標需要實現，而到年底的時候卻發現很多目標計畫無人執行，相反都是在應付突發事件 —— 目標太多，對基層員工來說，就等於沒有目標。

進一步分析可以知道，目標越多，基層員工對每個目標、每個步驟所關注的時間就會越少。而在目前這個複雜龐大、瞬息萬變的市場環境中，沒有誰能夠同時兼顧更多的目標，更難以完全做好。

因此，企業領導者必須去選擇幾個最為關鍵的事務範疇，從中設定明確而具體的工作目標，並經過研究、分析和討論，最終將實現目標的順序制定出來，集中力量予以實現。這樣，員工在其執行的過程中，才能採取更加有針對性的行動，按部就班的完成目標。

想要有效的決定事務的優先順序，最重要的是在於確切掌握好目標的設定順序。

最能確保目標順序統一的方法，是按照企業由上而下的順序進行設定，按照企業目標、部門目標、單位目標、小組目標和個人目標的順序來進行管理。在這樣的順序中，每個下級的目標都根據其上級目標來確立，為了能夠達成上級的整體目標。

更加確切的表示這種目標層次的規劃方法，可以表示為「組織目標—個人目標」、「整體目標—區域性目標」、「全體目標—部分目標」等，用這種思維看待目標順序的原則，就更容易看到上一層目標對下一層目標的決定作用。

另一種目標層次的設定順序是部門之間的順序。在企業中，不少目標需要由不同的部門共同合作。在這樣的目標下，採取橫向的步驟順序安排就顯得相當必要。企業領導者應該從最初的部門開始，按照企業經營管理業務的順序，逐部門進行安排和協調，從而確保不同環節都可以得到準確銜接，保證事情的輕重緩急得到準確安排。

另外，領導者還應該掌握的安排原則是輔助部門和生產服務現場的順序。通常情況下，應該先設定現場部門的目標，然後再根據輔助部門的特點設定工作目標。

目標本身固然應該根據不同重點排列順序，但領導者不能只看到這一點，在對目標的研究分析、層次劃分和貫徹落實的過程中，還必須對具體事務的順序有更好的釐清效果。這說明，領導者需要將目標分解和工作順序掌控相結合，並從中掌握更加明確的團隊執行節奏。

以目標評估事業進展

一則工業時代的寓言中，某位發明家製作了最新的機器模型，這個模型由種種飛輪、齒輪、滑輪、鉸鏈和電燈構成，當人們按動電鈕，整個機器就會迅速運轉起來，看上去嚴絲合縫、緊密有序。有人提問說：「這個機器究竟能做什麼？」發明家的回答是：「它不做什麼，只是，它運轉起來不是挺優美的嗎？」

這位發明家之所以成為了笑話，並不在於其能力高低，而是在於他缺乏將目標與事業進展相結合的態度。對於企業家來說，必須了解到：利用對目標設定過程和完成狀況的檢查，能夠做到對企業事業進展進行有效評估。

目標設定是企業績效評估考核的首要內容。企業領導者透過制定和分解目標，將組織整體的要求和希望，形成改進和提升企業的具體要素，然後準確傳遞給下屬，並透過相互之間的溝通完成雙方的承諾。這樣，當員工個體和企業整體的事業進展到一定程度後，就可以圍繞著目標實現程度去考核員工和企業。在這樣的過程中，領導者必須要做好上下級之間的充分溝通，並對員工進行分別輔導和幫助解決問題，以評估事業進展反過來促進目標的實現，促成個體和團體的共贏。

雖然如此，大量不成功的企業領導和管理現實顯示，這些企業領導者很少結合目標評估事業進展。他們之中的大多數人不明白結合目標進行評估的重要性，結果即使有了進步也無法衡量。

其實，目標本身提供了一種進行積極評估的重要方法。如果企業的目標是具體而能夠描述的，領導者完全可以根據目前企業距離最終目標有多遠來衡量事業的發展。

在 IBM（國際商業機器公司），對員工和團隊工作進展的考核有一個很重要的參考體系，那就是個人業務目標承諾計畫（簡稱 PBC）。只要是 IBM 的正式員工，就會有一個相應的 PBC。員工個人制定 PBC 的過程並非由領導者指定，而是由員工和其個人的直接上司坐下來共同商討，透過這樣的商討和修改，使得個人的目標與整個部門、整個企業的目標相互融合，保證其切實可行。

透過對員工目標完成狀況的檢查，其直屬經理會非常清楚他們在工作上的進展情況，而員工自己也會對這樣的進展情況了然於胸。到了年終，直屬上司會在員工的 PBC 上評分並進行評估，而直屬上司個人也需要面對其上司的評分和評估。因此，對於企業中的每個人來說，要想獲得更高評價，就必須要了解自身和部門的目標完成狀況，掌握工作重點，並徹底檢查、評估和促進事業的進展。

大量的案例證明，目標不僅能在過程中具備讓員工專心致志的推進力量，而且對事業進展的評估和監控也很重要。

管理學宗師彼得·杜拉克（Peter Drucker）這樣看待在企業中運用目標評估績效的重要性，他說：「（企業中）每個人，上到最高階管理層，下到基層員工，都應該有明確而能夠支持組織獲得成功的目標……這樣，他們就能明白和了解自己在事業計畫中的位置。」事實上，定期評估目標，能夠讓領導者在下列方面了解事業進展的狀況。

確認事業進展有沒有發生偏離

在沙漠中，如果人們沒有指南針，很容易因為偏離而迷失方向。想要讓企業的發展進展順利達到目的，就需要不斷利用對目標的監察來校正走向。

許多企業領導者都有這樣的感覺，原本想要帶領企業大幹一場創造出業績，但卻發現下屬乃至自己最終成為了只看到短期利益的功利者，甚至只是希望在職位上混下去的保守分子。之所以有這樣的變化，問題就出在受到不同環境因素的影響後，目標和事業的進展逐漸被割裂，目標被不知不覺替換，而事業進展程度卻無人關心。因此，為了保證事業進展方向的一致和延續，對目標進行定期評估檢查，顯得尤為重要。

檢查實現目標的計畫和方法

制定目標只是成功的開始，而實現目標需要正確的計畫和方法。為了實現企業的工作目標，企業領導者會制定不同的計畫，在執行過程中會利用種種方法技巧。然而，這些方法技巧和計畫在事業發展程序中是否符合目標要求，僅僅依靠預先判斷是無法估量的。

正因如此，必須要在實際工作過程中，間隔固定週期來對目標完成情況進行檢查，從而評估計畫和方法的正確性。對於其中不合適的部分，應該迅速更改。

利用目標完成情況來檢查事業進展，防止低效能情況

即使再優秀的員工也很難只依靠個人努力而保持永遠勤奮的狀態。但在激烈的市場競爭中，如果想超越其他競爭對手、讓企業業績長期在行業中保持前列，就必須不斷帶領員工對抗他們自身的懶惰，防止低效能的工作情況發生。領導者對於員工，除了保持應有的影響力之外，還應該用不斷的目標評估去鞭策他們。

用目標完成評估的方法去檢查員工的工作進展，有可能引起他們的牴觸情緒。但是領導者應該知道，這樣的評估和檢查是對員工個人和企業全體都有利的。正因為不斷用目標去檢查工作進展，員工們才會對抗自己的

鬆懈，並開發自身潛力，打造最好狀態，找到最佳的工作方法，實現正確的工作目標。因此，一旦領導者發現下屬部門或員工對目標評估的態度有所鬆懈，就應該插手其中，利用對目標的完成情況來直接進行核查。這是實現有效帶領企業進步和超越的最好方法之一。

著名企業家查爾斯·施瓦布（Charles Schwab）去參觀企業中的軋鋼工廠，該工廠主任反應說，自己用盡了辦法要求員工提高產量，包括哄騙、勸誘和威脅，甚至用上了賭咒發誓，但工廠的產量還是達不到應有的進展。

施瓦布要來一枝粉筆，問離自己最近的工人說：「你所在的班組，今天加工了幾個爐子的產品？」

工人回答說：「6 爐。」

於是，施瓦布將大大的阿拉伯數字 6 寫在提示板上，然後就離開了。到夜班工人上工時，他們紛紛討論這是什麼意思。一個下班的日班工人說，那是我們今天加工的數量，施瓦布先生記了下來。

第二天早上，施瓦布又來到該工廠，發現數字變成了 7。而當天晚上，施瓦布又發現，數字成為了 10。很快，這個工廠因為對目標的不斷檢查，推進了對業績發展的評估，並迅速提升了產量。

利用對目標在數量、品質、時效和成本四個方面的評估，領導者能夠明確了解事業的發展程序。

數量——最普遍的對目標的評估，一定程度上必須要進行量化。例如，企業應該及時盤點銷售量、生產量或者庫存數量、工作小時等。

品質——這是對目標評估產生最重要作用的要素。利用品質去評估目標起碼包括兩方面：首先是錯誤，其次是表現。

錯誤展現在不合格產品、錯誤檔案、安全事故紀錄、客戶投訴等種種方面；而產品表現則並非指的是產品本身的正誤，而是產品展現在外界的印象「分數」，包括細節程度、整潔程度、人員服務印象等。

時效 —— 主要表現目標評估中的時間因素。例如，企業的生產和服務是否能夠滿足合約規定的最後期限、是否能夠準時進入下一個環節等。

成本 —— 成本包括目標評估中勞動力、原材料、裝置和方法的相關綜合評估。

綜合上述四方面，整體來看，目標的評估必須是可以衡量的。如果目標只是泛泛而談，例如「提高品質」這樣的目標，其本身就是難以評估的，也就自然難以用來衡量事業進展。只有當績效目標是具體且可以衡量的，人們才能了解目標是否實現、在何時實現、實現了何種程度。這樣，企業的事業進展情況才能被領導者了解和掌握。

利用目標去評估工作進展，領導者應該致力於根據目標和工作之間的具體關聯來進行。為了提高對工作事務評估的權威性，領導者有必要在工作事務完成之前，就儘早根據目標確立評估標準。這樣，在具體事務進行的過程中，員工才會具有更加充沛的動力、更加明確的方向。

個人目標與團隊目標

對目標的管理是對企業領導的重要內容。雖然每家企業的目標不同，但企業會根據其目標擁有不同的努力方向。在目標實現之前，目標看起來如同可望而不可及的指路明燈，而如果這盞明燈看起來清楚、合理，就有著足夠的可能去實現。同樣，如果能夠把企業中每個團隊的目標和員工個人的工作目標進行有系統的結合，企業整體目標也將因此獲得虛實、大小的完美融合。

一家企業對團隊目標的制定是否科學，表現為其團隊目標是否能夠獲得員工的充分認知與認同，更表現為員工的個人工作目標和團隊目標良好的結合。想要實現團隊目標和個人目標的系統統一，就需要讓員工參與到團隊目標的制定中，並將員工的個人目標在其中充分展現，調動員工的工作積極性，使他們主動和創造性的讓團隊目標獲得充分有效的執行和實現，如圖 2-3 所示。

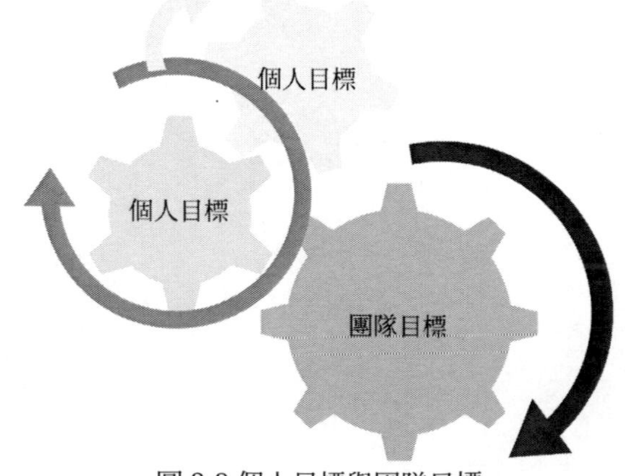

圖 2-3 個人目標與團隊目標

團隊和個人目標管理的基本出發點，在於實現這兩個目標的完美結合，其中關鍵環節在於讓員工根據自身利益和需求，對團隊目標提出意見和建議。雖然，在這樣的過程中，會出現一些爭論乃至矛盾，但企業領導者還是能夠從中了解到團隊的目標是否已經獲得員工認同，從而不會導致團隊目標和個人目標的脫離。

在這樣的過程中，員工個人的正確意見能夠得到表揚和闡述，其原有意見中的偏頗部分，也會進行自我修正。實際上，這也是企業領導者讓團隊目標去影響、教育、說服和策動員工的過程。在這樣的過程中，員工獲得了企業主角的感覺，並認識到對自我和團隊目標決策的重要性，產生和領導者一致的觀察角度，獲得較強的責任感，目標也由此轉變成了自覺的工作行動。

因此，只有透過領導者對於團隊目標和個人目標的科學設定，才能讓兩者產生更大的合力，才能提高領導力效率，而一切問題也會由此為出發點變得更加容易解決。

經過領導力學者的不斷研究，設定目標的過程可以分為下面七步：

1. 觀察團隊的總目標是什麼。
2. 使用 SMART 原則來設定目標。
3. 觀察員工的目標是否和團隊一致。
4. 列出問題障礙並尋求解決辦法。
5. 列出員工或團隊實現目標所需要的知識與技能。
6. 列出需要合作的外部對象和資源。
7. 確定目標完成的日期，並進行書面規劃。

可以看出，想要設定好團隊和個人目標，需要完成上述總共七個步驟。而很多企業領導者在實際設立目標時，最重視的只有上述步驟中的第一、第二項，對第三項之後的步驟往往採取忽略的態度，從而導致團隊和個人目標的設定失敗。

步驟一

我曾經為某家零售企業做過顧問工作，該企業領導者制定的 2012 年發展目標如下：

- ✓ 目標一，企業銷售額中的 50%來自日常小商品的銷售。
- ✓ 目標二，開發三個以上地區的市場，並進入當地零售企業排名前列。
- ✓ 目標三，2012 年 6 月前完成品牌認證。
- ✓ 目標四，企業營業收入應成長 50%，達到 5 億元。

企業領導者應該能做到正確理解公司的總目標，然後再圍繞著這樣的總目標，制定出既符合公司總目標，又符合各個團隊、各個員工的具體目標。

在該零售企業中，企業領導者必須要清楚，企業因何需求將營業收入定為 5 億元，為何需要成長 50%。他應該先站在企業整體發展的角度去觀察和理解這樣的目標，然後再去向團隊和員工推廣這樣的目標。

在「觀察團隊的總目標」這個步驟中，要點就在於企業領導者是否真正讓下屬理解了總目標，而這恰恰是領導者容易忽視的部分。

具體來說，領導者為了讓自己對總目標的理解傳遞到所有分支團隊和員工，會選擇召開種種會議進行推廣。然而，基層員工並沒有多少機會參加這樣的會議，也就不了解領導者對總目標的看法。如此一來，員工個人工作目標設定的積極性、準確性都會受到影響。

步驟二

在第二個步驟中，企業領導者應該明白「符合 SMART 原則的目標，才是好目標」。

所謂 SMART 原則，意味著正確的團隊和個人目標，應該包含下面五項內容特點：

✓ 目標必須是具體的（Specific）

✓ 目標必須是可以衡量的（Measurable）

✓ 目標必須是可以達成的（Attainable）

✓ 目標必須是具有一定相關性的（Relevant）

✓ 目標必須具有明確的截止期限（Time—bound）

無論是制定團隊整體的目標，還是對員工個體目標的制定，都需要符合上述原則，缺一不可。

例如，某航空公司在設定目標時，將服務團隊的目標確定為「增強客戶意識」，然而，對團隊目標進行這樣的描述並不明確，違反了「目標具體」原則。透過對目標的改革，可以設定為減少客戶的投訴，將客戶投訴率下降 50%等具體目標來實現。又或者透過對服務品質的規定，如提升服務速度、使用禮貌用語或者採取規範的服務流程等等，從而實現團隊目標的明確。

又如，為了實現「目標可衡量」原則，團隊或者個人目標，應該有一組明確資料作為衡量是否達成目標的憑據。反之，如果制定的目標無法衡量，就無法判斷目標是否能夠得到實現。

在「目標可實現」的原則層面，目標應該能夠被員工所接受，同時其難度應該結合實踐受到一定的控制。這就要求企業領導者避免利用其手中的行政權力，利用其權威片面的將自己制定的目標強行攤派給下屬。這種攤派目標完成之後，下屬做出的反應，很容易是其工作心理和行為上的抗拒表現。下屬很想告訴制定團隊目標的領導者：我雖然能夠接受團隊目標，但具體到我個人的目標上，我沒有能夠最終完成的把握。這種「實現不可知」的狀況會帶來很大危害，因為一旦在團隊目標實現不了的情況下，下屬可以找到很多理由推脫自己的目標責任。

同樣，「目標相關性」也需要領導者事先進行分析，即分析團隊目標和員工目標、員工目標和員工目標之間的關聯情況。如果實現其中某個目標，但對於其他目標影響不大，甚至沒有影響，那麼，這樣的目標即使實現，意義很小。具體到員工目標和團隊目標關係上，領導者必須要讓員工目標的設定與其職位工作密切相關。例如，透過培訓讓企業的櫃檯接待人員實現掌握英語的目標，顯然比讓櫃檯接待人員學習系統流程管理的目標更為重要。這是因為前者與團隊目標相關度很高。

最後，在目標設定的時效限制上，必須按照工作任務的輕重緩急，由領導者、團隊或者個人，分別擬定出能夠完成目標的時間要求。這樣，團隊和員工的目標執行情況就能得到及時衡量。

步驟三

領導者必須要對員工的目標進行檢查。通常而言，現代企業中的目標制定程序如下：董事會負責制定策略目標，即對企業的整體發展方向進行確定；總經理按照董事會的目標制定企業年度發展目標；企業中不同部門根據年度發展目標形成自身目標，而員工個人則根據部門目標制定個人目標。

這樣的程序展現出制定目標的正確步驟 —— 目標由上而下獲得有效分解。因此，企業領導者必須確定員工的目標和其上司一致，也要保證下屬做到這一點。

領導者主要透過兩方面做法確保員工的目標和其上司目標一致：首先，要求員工清楚自己和誰的目標一致；其次，要求員工針對目標所指定的工作計畫和具體執行也要與整體一致。

步驟四、五、六

列出問題的障礙並尋找出解決的辦法，對於目標順利達成相當重要，只有在制定目標時幫助團隊和員工看到其執行過程中的風險，才能防範目標實現過程中有可能出現的問題，並制定出相應的解決方案。

更進一步，為了讓這樣的解決方案顯得具有針對性，領導者還應列舉出其中所需要的工作知識和技能，並找到可以利用的外界資源或可以合作的協助方。

步驟七

無論是團隊還是員工目標，目標制定的關鍵步驟就是對其完成日期加以確定。而當日期確定之後，還應用書面記錄的方式予以確定。透過這種規範化的目標管理方式，極少會在具體執行過程中引起團隊內部或者不同員工個體的顧慮或爭論，也有利於團隊對於員工目標的檢查和考核。

需要注意的是，對目標進行書面化記錄，一定要落實到專門負責人手中，最好由不同員工對自己不同的工作目標進行有效整理，便於參照和存檔檢查。

個人目標和團隊目標的管理，最重要的原則在於兩者之間的協調性。領導者應該要求團隊成員能夠對這兩種目標有全面的理解：一方面，員工應該能夠脫離個人的觀點，站在整體利益上客觀看待團隊目標；另一方面，員工又應該能夠將團隊整體目標進行有效分解，從自身出發主觀理解團隊目標。

讓企業產生這樣的文化氛圍，讓個人和團隊的目標相呼應，這才是領導者的職責所在。

本章小結練習

1. 寫出組織的宏遠目標和短淺目標，並向員工們解釋其中關聯。
2. 按照工作事務的優先順序，釐清目標的順序。
3. 讓員工各自寫出自己的個人目標，並根據其個人目標，融合整理出團隊目標。
4. 評估現有目標，並將評估結果與目前組織的狀態進行結合，向員工予以公布。

第3章

樹榜樣，啟迪人心

領導者應該透過不同途徑宣揚自身的理念，雖然他們有權採取規章制度和行政命令進行領導，然而領導者必須要懂得從公司的日常行為中挖掘榜樣的力量，向員工釋放積極訊號，幫助他們去判斷行為是否必要和適當。同時，榜樣的力量，也是領導者對自己的要求。凡是領導者自己不能做到的事情，也就無法要求員工做到；凡是組織中尚未被挖掘出來的優秀行為，也難以形成規範性的制度。相比而言，樹立榜樣，能夠節約領導力發揮的成本，獲取良好的效果，同時能讓領導過程更加簡便、快捷。

領導者行為準則

對於組織的領導者來說，想要透過有效領導來建立企業的成熟文化，其基礎在於領導者必須能夠全身心投入整個組織的營運之中。

需要知道的是，領導並非只是注重策略性的工作，也不僅僅只是運用構想去和股東、投資人談話交流。無論策略還是交流，都是領導力的重要組成部分，而領導者更應該看到自己身體力行融入企業營運中的重要性。只有做到身體力行投入執行，才能做到對企業、對員工以及對內外的環境有著全面了解。同時，這樣的了解也並非能被其他人代行，因為對於企業這樣的組織來說，必須有領導者的帶領，才能真正打造出優秀的執行文化，並幫助領導者更好的帶領企業。

那麼，領導者究竟應該表現出哪些良好的行為準則？在按照這些準則工作的時候，又該如何能夠避免變得過細，而只能錯誤的關注到企業的日常管理？下面是企業領導者的主要行為準則。正是這些準則，組成了執行力最基礎要素。

準則一：必須真正了解企業和員工

領導者必須要在工作中投入全心的對自己的企業進行了解和體驗。在那些領導力缺乏的企業中，領導者們通常並不知道自己的企業究竟在做什麼，作為高層，他們更習慣於透過下屬的報告來獲得一些資訊，而這些資訊則必然是間接的 —— 經過了下屬個人的看法過濾。即使沒有被有意過濾，領導者自己也會因為其工作重點、個人傾向等因素而影響對資訊的看法。在這種情況下，領導者就難以真正投入到對企業策略計畫的思考、制定和實施上，也就難以從整體上做到全面而綜合的認識企業。同樣，他的下屬們也就對這些領導者做不到真正了解。

作為成功的領導者，李嘉誠非常喜歡吸取已有的領導經驗。他經常翻看那些企業領導者傳記，並有意識的改變自己的領導方法。例如，他發現，日本東芝電器的領導者相當推崇「走動式管理」，而這樣的管理方式能讓企業領導者充分了解自己的企業和員工。於是，李嘉誠就經常走進企業基層，深入員工群體，廣泛的了解民意，看清楚企業和員工所面臨的真實情況。在這樣的過程中，一旦發現情況，他就會著手解決，因此迅速促進了企業的生存發展。

為了能夠讓自己看到真正的企業和員工，李嘉誠在走訪調查中特意告訴每一個員工說：「現在我不是公司的老闆，你們只要將我當成你們的長輩，我今天坐在這裡，是想和你們分享各自的經驗，這樣我們大家都能夠成長。」正是這樣的幾句話，就能夠讓員工們願意和他進行真誠的溝通。

當然，很多時候，李嘉誠根本來不及去一線了解企業。為此，他決定在中午時間到員工餐廳吃飯。一開始，沒有人願意和他坐在同一張桌子上，甚至周圍餐桌上都沒有人，而李嘉誠選擇主動走過去和員工們坐在一塊。久而久之，沒有人對他來到員工餐廳感到奇怪，甚至很多員工主動要和李嘉誠一起坐下來吃飯。

李嘉誠的領導經驗顯示，作為一名企業領導者，必須要採取適合的方式去參與到實際的企業營運中，而不能採取可有可無的態度看待企業的一線工作。當你採用李嘉誠的態度去認識企業和員工時，員工有可能覺得你的確「過多」介入了工作。但不要忘記，員工更會因此而確認領導者對其工作表示的關注。相信大部分員工喜歡的還是重視自己的老闆，因為對企業和對員工主動進行了解，也是領導者對員工表示欣賞的一種方式。

準則二：堅持將事實作為領導依據

尊重事實是領導力作用的核心。然而，在許多企業，員工們總是或多或少的掩蓋或者逃避事實。這是因為尊重事實的態度，很可能讓組織面對的現實讓人難以接受。而員工為了避免這樣的情況出現，就拖延時間或者對錯誤進行掩蓋來應對。如果企業領導者沒有表現出對事實的尊重，就會縱容員工的這種習慣，這樣，員工們就都會希望談論好消息，沒有人想要成為不幸者。

實際上，不少領導者自己都忽視了事實的重要性。一個最簡單的測試，如果要求企業領導者描述自己領導力的優勢和劣勢時，許多企業家都會對自己的長處有所誇大，而對自己的短處則不願多談。這說明，企業領導者必須要保證自己在運用領導力的時候，能夠始終堅持實事求是的工作態度，同時將這種工作態度變成基礎，推廣到整個組織中。

奇異公司的前總裁傑克·威爾許曾經在家裡舉辦了一個小派對，按照他一向的風格，這個派對不僅邀請了公司高層，也邀請了幾名基層員工。在派對上，大家唱歌跳舞，氣氛很快高漲起來。但正在這時候，幾名基層員工提出，要先行離開派對去公司加班，這讓威爾許感到很奇怪。經過了解，他發現，公司的專案需要一批產品，而按照正常的工作時間，完全無法交貨。敬業的基層員工們擔心影響交貨時間，只能選擇週末時間自行加班。

第二天，威爾許就召開相關部門會議，對產品的生產計畫進行安排。經過會議的研究發現，整個計畫並不科學，交貨的時間也不可能那麼快。於是，威爾許決定重新制定計畫，並根據事實解決問題。

企業的領導者只有將事實放在衡量工作情況的第一位，才能達到威爾許這樣的領導境界。

準則三：獎懲分明

如果領導者希望員工能夠及時完成具體任務，就有必要對員工進行應有的獎懲。這一準則看起來是常識，但很多企業的領導者並沒有發現這一點。與之相反，在他們的領導下，有所貢獻的員工並沒有得到應有的獎勵，不管是實際收入還是股票期權的分配，都沒有展現出獎懲分明的特點。

想要讓領導力真正產生效果，必須要懂得獎懲分明的重要性，並且確保這樣的原則透過領導者的行為傳遞到整個企業上下層。這樣，企業才能擁有良好的執行文化，而領導力才有可以發揮的空間。

準則四：培訓員工能力和素養

作為企業的領導者，應該看到自身工作的重要組成部分在於將知識和經驗進行傳遞，而領導者也可以透過這樣的方式不斷提高整個組織的能力。

因此，對員工進行及時指導是優秀領導者避免成為單純發令者的關鍵，透過這樣的方法，能夠循循善誘的提高下屬的能力，掌握好改變他們綜合素養的機會。

經過實踐證明，領導者最有效的指導方式在於按照下面的步驟進行。

首先，仔細觀察員工的行為，綜合評價其行為帶來的收益或影響。

其次，向員工提供具體的、有益的回饋，而在進行指導的同時，還應該先指出對方工作中的不足，再給出具體的例子，或者進行示範，藉此讓員工明確哪些工作表現是正面積極的，哪些工作表現是需要進行改進的。

再次，還可以採用小組討論的方式，尤其是企業或者部門中進行業務或組織研討的時候，領導者可以提醒大家看到學習的機會，並透過帶領員工對問題進行分析，從而積極探求解決方案，並做出能夠讓絕大多數員工都可以接受的決策。這樣，對員工的指導才能得以延續。在這樣的會議上，領導者需要提出一定的問題，並透過這些問題，迫使下屬們能夠進行更加深入的思考、探索。

當然，同樣的方法也適合對員工私下進行的個人指導。不論領導者的風格是溫和還是嚴厲的，都需要提出針對工作實際的問題，並在適當時候對員工們給出必要幫助，從而解決問題。

準則五：對自己充分了解

普遍的經驗和看法認為，企業組織的領導者充分的自知之明對於提升領導力尤為如此。如果領導者沒有正確的情感態度、自我評價能力，也就談不上去真誠的面對自己，更不會客觀的看待整家企業、組織和事業的現實。這樣的領導者常常表現為當他人提出和自己相反的觀點後難以容忍。但實際上，能夠客觀進行自我評價，對於領導力發揮作用非常重要。

領導者正確的情感認識來自對自我發現和自我超越的能力。優秀領導者非常清楚自己的優勢和弱項，同時，他們能夠對自己提出應有的要求去發揮長處、改正缺點。他們也同樣能夠讓員工看到領導力的優勢，以便幫助整個團隊實現目標、提高水準。

為此，領導者應該具有下面的四個情感強度特質。

特質一：真誠，能夠做到言行一致、表裡如一。因為只有真誠，才能幫助你建立起下屬對你的信任，而「虛偽」的領導者遲早會失去信任。

特質二：客觀評價自我，知道自己行為上的不足、情感上的缺陷，從而採取正確方法來克服這些不足。這樣的自我客觀評價，能夠讓領導者獲得教訓並不斷成長。

特質三：自我超越。這意味著領導者能夠做到去克服自身缺點，並對自身行為負責，當領導者擁有這樣成熟的力量後，就能夠伴隨環境變化並超越自身的缺點。這種自我超越意味著領導者能夠建立真正的自信，而非只是透過掩蓋弱點而獲得所謂的自信。

特質四：謙虛。領導者對自己的認識越是清楚，就越是能夠採取積極現實的態度來解決問題。因為在這種情況下，他已經學會了去傾聽他人的建議和意見，並且能夠在和他人工作、溝通的過程中，傳遞出了自己善於學習的態度。領導者將不會放棄那些能夠帶來領導力提升的訊息，更會懂得如何與他人對榮譽和功績進行分享。雖然領導過程中還是有可能出現錯誤，但這些錯誤都會得到有效總結，並成為財富，幫助他們獲得更高領導力。

企業領導者的行為是他們在自身工作過程中的一切所作所為的整體，是他們在不同情境中、不同任務需求前不同態度綜合表現。但這樣的行為並非短時間內就會結束，更非只是和領導者個人有關，而是會最終變成影響企業現狀的行為。因此，從某種意義上來說，調整好並堅持領導者個人行為的準則，對於整個企業文化的建設都是大有裨益的。

領導榜樣

企業家的一言一行，通常情況下會給整個企業的下屬帶來兩種效果：提高他們的工作信心和力量，或者是對其工作積極性給出打擊。這是因為企業領導的口頭表述並不足以完全改變整個組織，下屬們觀察的還包括企業家的言行，這些言行比起其口頭表述更能說明問題 —— 領導者究竟怎樣看待他們所提倡的工作規範、領導者自身究竟有著怎樣的價值觀。

具體而言，企業領導應該在下列方面為下屬充分樹立榜樣：工作上，領導者應該樹立目標導向的榜樣。思維上，領導者應該表現出創新大膽而嚴謹仔細的榜樣。行動中，應該成為高效能執行的榜樣。責任感上，領導者應該表現出自己肩負責任的行為規範。團隊上，領導者應該讓自身成為推動團隊風氣積極進步的動力源頭……

幾乎所有那些能夠讓我們銘記的優秀企業家，都是以傑出形象的榜樣出現在企業成員面前的。其中，山姆·沃爾頓是典型的示範領導者。

曾經有人這樣描述過山姆：「在沃爾瑪，沒有人比他工作更加努力、工作時間更長。他工作得越多，獲得的樂趣也就越多。」

正是因為山姆懂得榜樣的力量，因此，他在沃爾瑪更多用以身作則的方式來進行影響。當沃爾瑪的員工表示出對未來的懷疑時，他會透過行動而並非只是口頭宣傳來運用自身領導力。從這個角度來看，沃爾頓更多扮演著教練的角色，而並非僅僅是在場邊觀看的人。

尤其是在員工們思考和提升每坪銷售額的業務問題時，山姆·沃爾頓表現得相當積極，他運用自己豐富的零售商業經驗去影響和指導員工，並做出親身示範。許多員工回憶說，他做出的具體指導，實際上能讓人們編出一本零售商業書籍來。

不僅僅是山姆·沃爾頓，許多優秀企業領導者幾乎都是率先垂範者。他們並不喜歡只是坐在辦公室裡，和以往的某些管理者不同，這些領導者習慣於走在團隊的最前面。他們知道，親自示範去解決困難，是提升自身領導力的重要機遇。

領導者不僅在能力上應該成為示範者和榜樣，同樣，在價值觀上，他們也應該以自己的積極表現去打動企業成員。

安妮塔·羅迪克（Anita Roddick）是 BODY SHOP 公司的領導者。在她的帶領下，這個公司已經成為了世界化妝品行業中的佼佼者。安迪將自身的行動和理念，看做企業整體價值的代言人，並以自身的價值觀去影響整個企業。

1996 年，BODY SHOP 公司發表了該公司的價值報告。這份報告對企業的價值觀進行了闡述，其中包括動物實驗、社會發展和環境保護等。這份報告不僅僅強調了道德層面的企業觀點，還表示了該公司將會怎樣在商業領域、意識領域去堅持實踐上述價值觀。為此，BODY SHOP 公司成立了專門的價值和使命重心，而安妮塔·羅迪克作為企業最高領導者兼任該中心負責人。在實際工作中，她自己不斷以身作則，親自向整個行業發出呼籲，同時還率領整個企業的員工，對那些採用動物實驗或者破壞環境的企業行為提出批評和抗議。

安妮塔·羅迪克自己一次次出現在批評和抗議的隊伍前列，透過這樣不斷的努力，整個公司的員工逐漸感到，自己並非僅僅是商業領域中的普通員工，同時也是堅信環保理念的參與者和實踐者。

安妮塔·羅迪克透過自身的表現向企業領導者證明，榜樣的力量不僅能改變員工的行為，同時也能改變員工的理念和價值觀。可以說，想要成為優秀的領導者，你必須要懂得如何展現榜樣力量。

土光敏夫是日本東芝集團的社長，他信奉日本佛教的日蓮宗，每天都會根據教義對自己的言行進行反省。即使成為總裁之後，他也會每天花上半個小時來進行這樣的檢討。而這種精神，也讓他的領導行為中充滿了示範力量。

為了杜絕企業中存在的奢侈浪費的問題，土光自己從小事情積極做起。

一次，土光敏夫和公司董事會中的某董事共同去參觀巨型油輪。當天是假日，土光自己首先到達了，過了一會，這位董事才坐著公司的車姍姍來遲。那位董事很抱歉的說：「社長先生，您久等了，我們坐您的車一起去吧。」

土光敏夫則淡淡說道：「對不起，今天是假日，我沒有坐公司的車來，我們一起坐電車去吧。」這句話讓董事頓時慚愧得低頭不語。

這件事情很快在公司內部傳播開，所有人都知道社長對其自身行為的嚴格要求。於是，他們更加自覺小心，不再私自動用任何企業的資源。

土光敏夫社長同樣也是以身作則的領導者，他用自身的行為踐行規範和價值觀，傳播堅信的理念。在他的帶動下，整個東芝公司原本略顯散漫的工作風氣為之一變，工作團隊也具有了更多的親和力和凝聚力，公司的工作業績隨之奇蹟般的不斷升高。

領導者，如同舞臺上的指揮，也如同競技場上的隊長，作為整個組織的領導者，雖然工作權力和領導地位能夠為自己帶來更多的光環與榮耀，但與此同時，領導言行也會接受更多的考驗。

需知，領導者自身言行在自己看起來，可能並沒有那麼重要，而事實上對於偌大企業的影響或許也並不直接明顯。但是，在更多的下屬看來，領導者的一舉一動都是整家企業理念的外在展現。一旦領導者自身做出了錯誤的言行，很有可能對員工產生錯誤影響，員工很容易對企業的理念產生質疑，進而對領導者的一系列言行產生質疑，並因此降低工作的熱情，難以真正全心全意投入工作。

領導者在行動中展現出的價值觀、道德觀念、時間觀念、工作習慣等都會無形的影響到員工。例如，領導者如果在某項工作中投入較多的時間和精力，下屬自然就會認同這樣的工作項目是最重要的。而領導者如果在某些方面對自己要求非常嚴格，那麼，下屬也會由此了解到這種嚴格要求的必要性。這就是領導者的榜樣力量。

因此，領導者如果希望下屬能夠在某個方面專注，希望他們具有某種價值觀，那麼自己首先要專注於這樣的事情、這樣的價值觀，並強化自身的認識和理念，積極的從行動中表現出來。

然而，不少企業領導者在對組織或者團隊進行管理的時候，即使想要傳遞指令，卻經常發現員工的配合度很低，而且，越是透過嚴厲的制度來約束員工，越是會引起他們在情緒、心理甚至是行動上的反抗。其實，這正是領導者榜樣力量不足的表現。

榜樣的力量是領導者非權力性影響力的重要內容，領導者必須要根據事實情況，做出正確的行動。

首先，領導者應該將自己在企業中的角色做出準確定位。領導者並不只是單純的權力擁有者、命令的下達者，而是一個示範者，透過做出應有的行動，對員工產生正確的情感吸引，從而形成相應的管理模式。用通俗的話來說，就是想要讓對方怎樣做，你就應當第一個去按照標準做。只有你的行為足夠說服他人，才會有人願意跟隨你做。

其次，領導者應注意日常工作乃至生活中的行為方式。這些行為方式比起制度、規章來更容易讓員工下屬們所發現和接受，而利用正確言行來向員工發出正確的訊號，可以讓他們準確判斷自己應該採取怎樣的工作行為才能符合企業的利益。為此，企業領導者絕不應該出現自己制定了規章制度又自行違背的言行，這種行為將會導致員工發現領導者在提倡的理念和實際的行為中所產生的極大衝突，並抓住這樣的漏洞找到「藉口」，違背領導者提倡的標準。

最後，領導者必須進行及時的反省。只有在道德上能夠被員工充分認可，領導者的才能方可以被員工所完全認可，並能夠行使有效的領導程序。而與此同時，只有在道德上被員工所稱讚，方可以讓個人的領導魅力更好的表現。為此，領導者必須要有自省的習慣和能力，注意在日常工作中隨時留意，發現自己的領導過程中存在怎樣的問題，注意自身的修養，一旦出現錯誤就進行及時的修改調整，用自身知錯能改的積極行為去影響和激勵下屬。

身教勝於言傳，在領導力建設的程序中，最需要展現的是領導者的坦率、誠實、道德感和信用。這些看似無形的優點，只有在領導者實際行為中表現出來，才能打動下屬。正因如此，榜樣的角色，可以看做領導者在組織領導中最重要的角色，無論在日常工作還是重要關頭，當領導者擁有了榜樣角色時，人們就會沿著他開創的軌跡前進。

以身作則施加領導者的影響力

優秀的領導者會將自己工作的過程與對下屬的影響巧妙結合在一起。在工作中，他會選擇表現出自己的情緒，從而帶動和啟動下屬的情緒，進而用情緒去產生影響力。同樣，他們也會在工作過程中，用幹練的工作作風、高效能的工作步驟去為員工做出示範，從而讓整個團隊的工作效率都變得更高。

反之，不少領導者過於相信自己的權力位置帶來的影響力。他們平時能夠以自己的命令維持團隊和組織的運轉，但卻容易在關鍵時刻喪失最重要的影響力。其中很大原因是他們一直在要求下屬「按我說的去做」，而不是「按我做的去做」。

領導者有義務去認識這樣的事實：他們不僅是企業的領袖，同時也是企業員工的導師。而作為導師，不僅應該告訴員工該去如何追隨自己，還應該用實際行動向他們表示如何去做。領導者是組織行動規則的創立者、維護者，同時也是規則的表現者，甚至他的行為本身就是規則的一部分。他代表著組織的精神氣質和行為楷模。他的行動會改變員工，而只要領導者自身不改變，團隊也就不會動搖。因此，身為領導者，必須是那些能夠用實際行動遵守企業規則，並樂意為獲取影響力而付出犧牲的人。

在我的職業生涯中，見過許多領導者，他們分別處於不同行業、不同類型的企業中，擔任不同的職務。但有一點是相同的：他們的影響力和以身作則的能力永遠成正比。

例如，A 經理習慣在下班前整理好自己的辦公桌，將沒有完成的工作裝進手提包，帶回家繼續工作，這樣既能夠保持整潔的辦公環境，也能夠確保自己的工作進度。雖然 A 經理並沒有明確要求自己的祕書和下屬這樣做，但幾乎每個進入其部門工作的員工，都會很快注意到這樣的工作習慣細節，並也學會將沒有做完的工作帶回家。

A 經理對此的看法是，作為一個領導者，有著較高的職務，也有著較重的責任，就必須注重自己是否給下屬留下了良好的印象。因為領導者總是像站在舞臺中央的聚光燈下一樣，如果他們做任何事情都考慮到以身作則的好處，那麼下屬也會按照領導者最好的表現去進行工作。

同樣，另一位資深企業家也注重其企業中不同部門經理在工作中的表現。她說，員工們最容易模仿的就是其經理的工作習慣、工作態度，而不管這些習慣和態度究竟好壞。如果一個經理經常遲到，或者在吃完午飯後懶洋洋的不願意回去工作，又或者是在工作時間經常打私人電話……那麼，這個部門也會很快變成一個懶惰的部門。

的確，我見過的一些主管，甚至根本沒有意識到自己做的事情和說的話是恰恰相反的。他們告訴下屬應該加班完成工作，但自己卻提前下班去娛樂了；還有的領導者將員工電腦上的聊天軟體和網站瀏覽功能全部封鎖，自己卻在上班時忙著網購；更不用說有的領導者提出在公司中厲行節約，但自己卻馬上購買了一整套豪華的辦公用品。根據我的觀察，在企業中，沒有比之更加缺乏影響力的領導者了。這些事情只需要發生一、兩次，就可以讓下屬丟掉原有的工作熱情、美好願景，因為他們感受到的是來自領導者的背叛。

根據觀察和總結，在工作中，領導者的以身作則，能夠對下屬產生三方面的心理效應：對於工作優秀的下屬，能夠如同挑戰一般激發他們的鬥志；對於工作一般的下屬，能夠如同激勵一般帶動他們的節奏；而對於工作落後的下屬，則能夠產生充分的壓力效應。可以說，領導者的良好行為，會變成另一種更加持久的命令，轉化成為無聲的權威去影響下屬。

為了擁有這樣的影響力，領導者應該去主動用行為確定自己和員工之間的關係，並用自身的表現為員工行為定好基調。例如，領導者如果對客戶缺乏應有的尊敬態度，那麼員工很可能對客戶的態度更差。而如果領導者懂得公平的對待下屬，那麼這樣的良好態度也會在下屬對待其他員工的過程中得到展現。

下面這些方法提示，可以幫助領導者透過率先垂範的行為細節來打動員工，擴大自己的影響力。

身先士卒：在實際工作過程中，領導者要注意在業務工作過程中樹立榜樣，無論策略規畫的投入程度，還是實際工作的具體行為操作。這一點，是領導者擴大自身影響力的基礎。

尊重所有員工：不論員工的工作能力、工作業績，或者是其出身、性別或者經歷、個性，領導者都應該同樣予以尊重。

平易近人，有適當的親和力：領導者位置越高，就越受到所有人矚目。因此，在可能情況下，領導者應當去參加下屬舉辦的一些娛樂或學習活動，或者起碼能夠對下屬的正當活動給予關心支持，從而增加領導者的親切感，並擴大影響力。

理解下屬，並能夠聽取意見：作為領導者，不需要一味的要求下屬理解自己的立場，而是應該有較高的姿態，首先去理解下屬，這樣他們就會投桃報李、逐漸願意理解你。領導者應當耐心的聽取下屬對自己提出的建議或者意見，即使這些內容可能沒有太多價值，但這樣做既能表示對下屬的尊重，又能讓更多員工看到並願意圍繞企業的營運內容提出更多意見和建議。

當領導者能夠用自己上述行為，製造出上下平等、言行如一的組織氣氛後，下屬就會認為領導者是真實的而負責的，並由此對領導者產生信賴感。這種充滿信賴感的氣氛，正是領導者去擴大自己影響力的良好環境。

在當今時代，領導者當然不可能隨時隨地去監督下屬的工作，提高影響力，關鍵在於加強下屬自我管理的意願和能力，從而長期保持影響。當然，這樣的加強過程有著重要前提，那就是領導者能夠從始至終、以身作則。

影響圈與影響力

每個人在自身的工作、生活等一系列的接觸領域中，每天都會關注到大量的事情。這些關注的對象究竟圍繞什麼主題，實際上對每個人的興趣範圍和情感聚焦都給出了充分的定義 —— 人們不僅對這些事情有所了解，還會為之消耗自己的時間和能量。可以說，我們所關注和思考的領域，就是影響我們自身的關注範圍。

然而，許多人雖然有很大的關注圈，但這並非很容易就對領導者產生積極推動作用。這是因為即使我們相當關注，其中的很多事情難以讓領導者輕而易舉的進行控制，甚至是領導者無能為力的。例如，國際局勢、國家政策、經濟發展和股市高低等，這些很可能是眾多企業家們關注的目標，但卻難以被他們改變。即使是下屬是否會患上疾病這樣的事情，或者企業董事會或股東會做出的決定，也難以由企業領導者來進行掌控和決策。

由此來看，在任何領導者的關注範圍中都會有一個子集，這個子集既是他們所關注的，同時也是他們透過個人的工作努力行為能夠控制、或者起碼能夠被影響到的領域。這樣的領域被稱為影響圈。

如果能夠將個人的工作時間和能力主要運用在影響圈中，那麼，對於這個範圍中的事情你投入越多，給出的情感、努力或者資源越多，就越是能夠獲得高效能的領導工作結果。這是因為，你正在將自己的領導才能充分施展到你所能影響到的工作領域。而花在這些工作領域上的時間越多、投入越多，你對這些工作因素的影響也就越大。

反之，如果你不能注意自己的影響圈，而是將自身的時間、精力投入到對那些無法影響、控制的事情中，就會產生負面的導向：你會花時間做出無用的努力，這樣不僅會導致消極情緒產生，也會導致領導者的業績降低，從而浪費了自身的努力效果。

當然，領導者對關注範圍和影響圈投入的比例是各人不同的，但有一點毫無疑問：領導者如果能夠將工作時間更多投入到影響圈，同時，儘量避免將時間和精力投入關注圈中，那麼，他的影響力所受到的干擾就會相應減少，而他的領導力也會隨之提升。

具體來看，在影響圈中，領導者能影響到的工作內容，包括產品生產品質、生產計畫、領導者被分配到的工作、待分配的工作、員工的活躍程度等等；而在關注圈中難以控制到的因素則包括國際貿易協議、關稅、國家政治經濟情況、企業策略、被分配到的工作專案或者具體團隊等等。

我經常向那些經驗不足的領導者指出，他們常見的工作錯誤在於，雖然有著積極引導企業發生變化的強烈熱情，但卻往往誤會自己的關注範圍和影響圈。例如，那些剛剛擔任一些中小型企業公司的領導者，往往帶著想要改變全部企業面貌的熱情、想法和心願，這導致他們在成為企業領導者之後，會迅速提交出一份對於整個企業策略都要進行改進的方案，例如，倡議加快企業對系統的使用、鼓吹對系統加大投資等。然而，這樣草率的領導行為並不一定容易成功，因為他們的努力超出了自己領導力的影響圈。

只有將領導者的注意力放在自己所能影響到的事件上，領導者才能加快對時間的利用，並加強自身的影響力，在日常的工作中為整個組織團隊帶來正確的引導。同時，這樣努力的方向不僅在於能更好的利用時間，還能夠從長遠上對影響圈加以擴展，讓領導者能夠影響的事物越來越多。

某公司經營情況蒸蒸日上，發展態勢良好，公司董事長精明而果斷，但分配工作卻經常獨斷專行，將下屬都當成「辦事員」，將他們都看做缺乏判斷能力的人。這導致不少下屬對這位董事長敬而遠之，他們經常利用午休時分聚集在公司的休息室內，相互表達著對董事長的不滿。隨著時間帶來的發酵效應，這樣的討論越來越帶有情緒化，其中很多人都喜歡用董事長的弱點為自己的工作開脫責任。

例如，有位部門經理說：「你都想不到董事長多麼主觀。那一次，他去了我的部門，我把一切工作都安排得很好，但是他一來就不斷責罵我們，我們整個部門的努力就此白費。我感覺灰心喪氣的，不知道怎樣去繼續為他工作，你們說，他要多久才能退休？」

另一位部門經理說：「問題是，他才59歲，起碼還得再做五、六年。」

可想而知，接下來的討論又是一番抱怨。

然而，公司的副總卻並沒有這樣感情用事，也沒有去盲目關注，他知道董事長的工作缺點，但他並非參與抱怨，而是盡力在自己的影響圈內進行補救。當董事長的領導工作方法出現問題，引起麻煩之後，副總經常會去對部門經理的工作積極性進行保護，並且做好解釋工作，使得問題在董事長那裡不會顯得過於嚴重。反之，他在分配工作時，也會去利用董事長這種強勢的「優點」，並突顯出其領導風格中的遠見、果斷和凝聚力。

在副總具體的領導工作中，他有時候也會被董事長看成是「辦事員」，但他卻能很好的利用自己對員工的影響力，及時超額完成任務。另外，在自己的工作中，副總也會對董事長的工作指示做到心領神會，並在匯報情況的同時還會及時的結合自己的工作分析，提出應有的建議。

後來，董事長自己也發現了副總這樣的優點，他對企業的顧問說：「其實，我很感謝副總做出的這些努力。他不僅向我匯報了企業中我所需要知道的情況，而且還向我提供了額外資訊，這些額外資訊，正是我所需要的。他給出的工作建議和分析都是相互一致的，另外，這些建議和分析與提供的資訊也是一致的。所以，他的工作讓我相當放心。」

因此，儘管在工作過程中，部門經理們還是經常會被當做「辦事員」被指派完成工作，但副總卻是例外的，他經常被董事長垂詢意見，由此，他在領導工作中的影響圈擴大了。

董事長對副總的獨特態度，最終在企業內部引起了不小的轟動。那些原本消極被動的企業管理者開始尋找原因，去發現為什麼自己難以獲得這樣的影響力。實際上，正是因為副總的不懈努力，他在整個企業的影響力才獲得不斷擴大。最終，公司從上到下幾乎每個部門的重要決定都會經過他的參與和認可。

其實，許多人雖然只是看到了副總的成功，卻沒有看到他成功的原因。那些部門經理的關注焦點始終在關注範圍上，這等於宣布了他們只能受到外界條件（如董事長工作風格）的限制，自然，他們就不會採取積極有效的措施來推動自身領導力的成長，難以推動工作的變化。

實際上，人和人的工作能力、工作經驗、職位水準、薪資收入等雖然有所不同，但在關注範圍和影響圈的關係處理上，都應該採取積極主動的方式加以行動，這是因為，人性本質是主動的，是積極進行選擇反應的，有必要去充分主動的創造有利條件 —— 企業領導者更是如此。

領導者應該用心擴大自己的影響力，當他們能夠對工作環境中的因素做出選擇性的回應之後，影響力就有可能迅速成長。

例如，案例中的那位副總並不是依靠客觀的條件來擴大影響力，他既可以用和大家一樣的消極態度來對待董事長的工作風格問題，也可以選擇和大家不同的積極態度來加以對待。前一種對待方法，讓董事長的工作風格永遠都存在於影響圈之外，而只能是關注範圍中難以改變的部分；反之，後一種對待方法，讓董事長工作風格因得到了正確對待變得不再是問題。這樣，董事長就會逐漸認同副總所給出的影響力，而副總的影響圈也就得到實質性擴大。

正確的選擇，並不意味著和多數人做相同的選擇。有很多人曾經和那些成功的領導者有相同的關注方向，但是，並不是每個人都知道如何去針對影響圈進行擴大、獲取影響力的增大。

不少人都以為，所謂影響力的增大，就是強行展現自己的才能、富於競爭性或者不願意關注他人的反應，但這種理解並不正確。善於擴大自身影響力的人，只是在面對影響圈和關注範圍進行選擇時，反應能夠更加敏銳和理智，能夠更容易面對現實，並發現問題的癥結所在。

領導者不妨透過觀察自己的語言內容來發現自己在工作中的重點。一般來說，那些帶有假設性質內容的語言，往往會讓自己去面對關注範圍而並非影響圈。

「如果我們企業的品牌再有更多價值的話……」

「如果客戶對我們的要求能夠更加實際……」

「假如我的下屬更明白利益取捨的話……」

類似這樣的語言不應該經常從領導者的口中說出，因為這些語言只能使他們將思維停留在關注範圍。

相反，能夠幫助領導者去思考影響圈的語言，則大多數和說話者自己相關。

「我應該更好的幫助下屬……」

「我可以將自己的工作時間進行重新安排……」

「我不妨冷靜觀察目前的市場形勢……」

這些語言強調改變自身的態度，或者發揮自身能力，強調領導者「我」的影響力而並非客觀情況。

當然，對影響圈的重視，並非對關注範圍的無所作為。根據每個人自主程度的高低，領導者在關注範圍中所能發現的問題可以分為三種類型：和自身行為直接相關的、領導者可以直接控制的。和他人行為相關，領導者可以間接控制的。無法控制，而只能成為過去或是現在的客觀環境的。積極主動的領導者對於這三類問題都會有應對的方法。

對於可以直接控制的問題，在於改變領導者的工作習慣。對於可以間接控制的問題，必須有賴於改進自己的影響力來解決。而對於那些無能為力的問題，即使領導者目前有再多的不滿，也應該學習將之放置在一邊，並保證不會讓這些問題去改變影響力的發揮。

不論關注範圍中的問題究竟是能讓領導者直接或間接控制、抑或無法控制，正確面對問題是實施影響的基礎，改變他們的影響習慣和影響途徑，改變看待問題的方式。而所有這些，才是領導者眼下該控制的影響圈。

一位成功的領導者，並不必然會因為其領導力馬上就能獲得高位、高薪，但他們會擁有不斷擴大的影響圈，並利用這樣的影響圈去組織更多支持者獲得團隊和組織的良好業績。因此，個人是否能正確利用影響圈、擴大影響圈，已經日漸成為衡量領導力成長的重要象徵。身為企業的管理者，應該能夠從對影響圈的使用中，找到提升領導力的方法和途徑。

個人影響力與組織核心價值觀

企業的核心價值觀是企業獨有的文化理念。這種文化理念是企業的全體員工所共同擁有的，能夠充分展現出企業的文化精神，並為企業生存和發展帶來內化的動力。

核心價值觀看似不像技術和產品那樣，為企業帶來直接的利潤，但是，一旦企業遇到問題時，表現出的卻並不一定是缺乏執行能力，而是由於價值觀的缺乏導致迷失前進方向。在這樣的情況下，員工們很容易表現出不知何去何從、茫然不知所措，這時候，核心價值觀的價值才會真正顯現出來。

事實上，核心價值觀發軔於領導者的個人影響力。

任何領導者的行為，都會影響其身邊的每個人，並影響他們下屬的員工。作為領導者的實際追隨者，企業的所有員工會因為受到領導者的示範而被充分影響。這種影響雖然在平時並不會表現明顯，也不一定能夠被員工清楚了解到，但如果領導者能長期潛移默化的發揮個人影響力，組織核心價值觀就會受到其深遠的影響，如圖 3-1 所示。

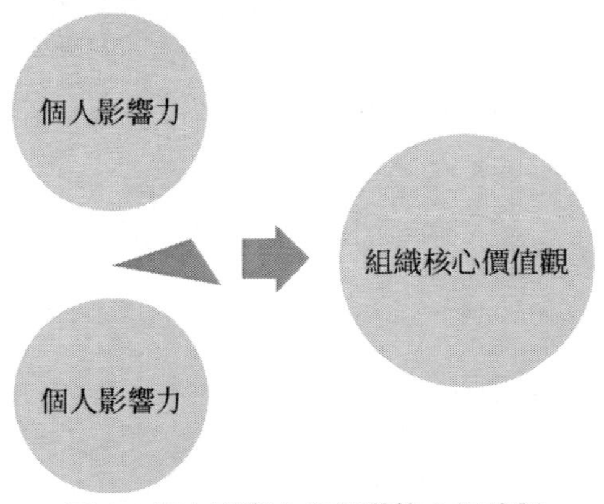

圖 3-1 個人影響力與組織核心價值觀

為此，作為企業領導者，應該扮演好團隊帶頭人的角色。什麼是帶頭人？簡單來說，帶頭人應該具有下面的素養：在日常工作中，應該充分展現個人的特質、領導的能力和工作的品質。在組織的關鍵時刻，應該能夠及時站出來，表現出原則、勇氣和實力。在最重要的關頭，領導者還需要做出積極的奉獻和犧牲。透過上述素養的表現，領導者才能利用個人的影響力，打造出組織的核心價值觀。

不少領導者在關鍵時刻無法表現出領導能力的重要原因，就在於他們大都只是要求下屬去按照他們「說」的做，而到了關鍵時期，他們卻無法讓員工按照他們「做」的那樣去行動。這是因為，他們沒有將自己的影響力轉化成為組織核心的價值觀。

作為優秀的領導者，應該有超越一般人的遠見卓識，透過其個人影響力來引導員工們朝向何種方向前進，並提醒他們這樣的方向有著怎樣的風險和利益。在必要的情況下，領導者還應該積極走在團隊前列，及時要求員工跟隨他行動。這樣的行為將會讓組織的士氣得以提振，並進而形成能夠長遠發揮作用的核心價值觀。

商業歷史上那些成功的領導者，似乎都具有洞察員工和下屬需求的能力，同時，在提高自己影響力的同時，也能夠幫助下屬實現價值觀的提升。和通常認為的不一樣，成功的領導者並非天生就善於鼓舞員工，而是透過關注他們的需求，理解他們的價值觀，從而改變自己的影響範圍，進而塑造企業的核心價值觀。

雖然組織價值觀最終表現為一個企業的共同價值認知體系，但究其來源，價值觀必然先來自每個人認為的重要事情。當領導者充分認知和理解了下屬的價值觀之後，就能夠將他們納入組織的計畫中，並對他們產生足夠的影響力。這樣，當組織實現願景的過程時，員工也就能實現自身的目標。而由於每個人心中的事業和生活模型都不同，當領導者能夠辨識出對方的模型並找到對他人價值觀理解的正確方式後，就能夠擁有極大機會去使用不同員工的語言來解釋整個企業的願景、建議和決策，這樣就增加了影響與合作的可能。最終，個人影響力的發揮和組織核心價值觀的建立，就此融為一體。

因此，組織的核心價值觀，必須是企業領導者個人首先期望並能做到的信念和原則，這樣，才能透過自身的行為進行影響，而不僅僅是透過口號、標語、文案、會議等進行表面的宣傳。

稻盛和夫是日本的四大「經營之聖」，他在自己的一本書中這樣寫道：「不說謊、不貪婪、不給人添麻煩、要誠實、要親切待人……這些都是從小到大，師長們一再對我們耳提面命所應該遵守的基本做人法則，也是人生在世自然而然就能了解的理所當然的規範，同樣，它們也應該應用在企業的經營中。」

與之形成鮮明對比的是一些企業領導者雖然在表面上的「核心價值觀」中宣揚要尊重他人、以人為本，但實際上，在企業內部的管理制度和行為中並沒有做到；在領導者個人的行動中，也看不到價值觀的個人影響力來源。這樣，所謂尊重他人、以人為本就成了一句空話，並不能成為領導者個人的價值觀，更不可能成為組織的核心價值觀，也就無法被員工們接受和認同。

組織的核心價值觀，必須展現在領導者日常的工作活動中，形成他們個人的價值觀，然後才能不斷滲透到他們下屬的不同階層中，並真正形成企業整體的核心價值觀，具有影響企業活動的能力。

我曾經在職業生涯中遇到過這樣的案例：某個大銀行的分行中，組織價值觀一片混亂，員工的士氣和執行力都降到最低點。究其原因，是因為這家分行被看做該銀行的年輕管理者的「培訓中心」。不知道從何時起，那些有希望被提拔成為部門主管或者分行經理的人，都派到這裡來鍛鍊，當他們的工作能力和資歷得以提升之後，就會立刻被調到其他地方晉升。這樣，分行的其他人員認為，自己只是替他人做墊腳石，因此士氣低沉。

新上任的分行行長透過對此情況了解之後，決定透過改變個人領導行為來重組組織的核心價值觀。

首先他對分行的老職員進行觀察，發現他們的能力並不低下，平均水準足夠勝任目前的工作要求，但只是因為缺乏一致的價值觀和努力方向而被埋沒。於是，他為企業設計了這樣的目標：「為總行培養最佳管理人才，並為客戶提供最好的服務。」該行長認為，這樣的目標能夠將個人的利益和銀行的利益完美結合。為了實現這樣的目標，他採取了下面的領導行動。

召集員工開會，宣布如果總行將這裡看做幹部儲備基地，那麼希望大家都有機會從這裡成長並走出去。以身作則，從自己到每個員工，都制定一份個人事業的發展計畫。走進基層，和每位員工聊天，請他們談談自己的理想和抱負。親自替那些工作最優秀的老員工向總行爭取參加培訓或升職考試的機會。與人事部門聯絡，請他們及時將職位空缺通知他，以便讓這個分行的老員工有機會申請調職。替一些無法離開目前職位的員工安排獎勵辦法。

與此同時，他還設立了交叉工作和訓練的辦法，以確保客戶能夠從分行接受到更為完善的服務。在這樣的工作方法下，某位員工一旦接受培訓或調出，馬上就有另一位員工代替他處理工作。同時，所有的員工都由此得到了多方面訓練，並能夠充分了解他人的工作範圍和作業程序，促進了整體的合作。同時，他也邀請分行的副經理來主持工作會議，或者邀請其他員工與他一起去總行開會等。

透過分行行長個人行為的改變，分行出現了新的變化：員工們以身處這樣的企業為榮，士氣逐漸高漲起來。那些老員工有了新的期待，願意培養自己的能力，其中一些人也獲得了新的職位。而留在分行的員工，也並不因為他人的晉升感到煩惱，因為他們也看到整個企業進步之後給他們做出的回報。最終，整個企業的核心價值觀因為分行長個人的影響力而得以改變。

當企業領導者想要透過個人影響力來促進組織核心價值觀的形成和深化，他需要做的是下面的努力。

首先，準確的闡述價值觀。企業領導者應該在工作中帶有感情並能夠帶給他人鼓勵感動的方法，闡述他所信奉的價值觀。在這樣的闡述過程中，應該做到有理有據，能夠讓員工相信其真實性。同時，還要及時展現出價值觀中的核心資訊，而不應該過於瑣碎和平淡。在不同的場合之下，領導者應該結合不同的需求，對這樣的價值觀不斷重複，從而將其中蘊含的觀念最終帶入工作。例如，每當他想要制定一項重要的決策時，都應該先向自己求證，這項決策是否和價值觀吻合，然後再向員工進行強化。這樣，價值觀就會成為員工行動的標準。

其次，領導者要尋找可以描述出的價值觀行為實例，從而向員工們展示價值觀的中心位置。例如，領導者應該利用自己的職權，找到員工符合價值觀的積極行動，並進行公開的口頭表揚和物質獎勵。同時，還應該對那些違反了價值觀的員工，進行公開的責備和警告。

最後，領導者還應該透過其個人的努力，在企業內外儘量建造能夠反映、支持和強化價值觀的環境。領導者有必要抓住日常工作中那些點滴小事情，利用自己的一舉一動，讓下屬明白，應該重視哪些事情，並推動哪些事情。

例如，很多情況下，如果只是一味的向員工推銷價值觀，只會導致下屬反而不願意接受的結果，而領導者有必要公開討論價值觀問題，談談自己對價值觀的看法，說出自己會從價值觀目標中獲得什麼等等。這樣，能夠讓下屬發現領導者的坦白和直率，並幫助他們消除誤會，並投身在對價值觀目標的工作中。

總之，領導者在不同方面的示範、榜樣、行為，綜合而言都將形成其個人的影響力。為此，在試圖建立組織核心價值觀的過程中，一定要全身心的營造自己的價值觀，並投入實際行動中，透過個人影響力進行傳播。事實上，只有領導者高瞻遠矚的帶頭行動，才能讓整家企業不斷從優秀走向卓越。

本章小結練習

1. 擬定若干項工作準則，並在每天工作中對比要求自身。
2. 按每週起碼做出一次示範的頻率，引導員工發現領導者的發光點。
3. 結合企業的組織結構圖，畫出自身領導力的影響圈。
4. 寫出個人影響力發揮的計畫，維持組織核心價值的穩定。

第 4 章

當教練，賦能有為

想要成為一位具有良好領導力的管理者，需要做的不僅是為自身工作承擔必要的責任，更要在工作過程中，實施教練型領導力。領導者有必要在團隊管理工作過程中不斷建立新的教練行為，從而打造出一個具有積極學習驅動力的團隊。透過將教練因素引入領導過程，管理者將能從根本上改變領導的態度，不再只是單純的控制或命令員工，而是能夠透過教練過程，激發員工潛力，讓他們能夠展現所長並彌補所短。一位懂教練技術的領導者是員工的好上級，也是員工的朋友、搭檔和導師。在他們和員工之間，既存在領導和被領導的關係，更是合作的關係。透過將這種關係延伸到整個組織的管理中，領導者自己也將得到成長和收益。

教練，領導力的傳承預示組織的未來

教練，對於體育競技而言，已經是不可或缺的存在。但從 20 世紀末以來，「Coach」（教練）這一稱謂，頻繁出現在全世界各大企業的辦公大樓中。自從 AT&T 公司首先將網球教練提摩西·高威（Timothy Gallwey）邀請到企業，為經理們講課之後，更多的企業 —— 包括波音、寶僑、愛立信和美孚等公司都開始在企業內部使用教練式領導方式。

而在教練式領導已經被廣泛接受和採用的美國，管理學者們做出的研究和調查顯示，在已經實行了教練制度的公司中，有 77%的領導者認為，這種系統教練的領導方式能夠有效降低員工的流失率，並改善員工工作的整體表現。

在構成領導力的眾多要素中，教練能力是越來越被眾多領導者重視的因素。透過教練式的領導行為，領導者透過培養領導者團隊成員的方式，提升自己的成就，帶動企業成長，同時還能更進一步，做到讓領導力傳承下去，讓組織的未來始終能在有力的領導下得以發展進步。

因此，成為教練式的領導者，已經成為眾多領導者的共識。領導者不僅僅需要將解決問題的方向和技巧直接告訴組織成員，並對他們的行為進行督促，更需要像教練那樣，調整組織成員的心態和觀念，改變他們的思維和習慣，進而對他們的工作行為進行影響。換言之，教練式領導並非只是像傳統時代的「師傅」那樣去傳遞知識和技能，還會更多的影響組織成員的態度 —— 既要引導他們願意做，也要指導他們如何做。

當領導者能夠成功的扮演教練角色時，他們就不會再被認為是功利性十足的利用員工達成企業目標，也不再只是單方面的強制改變組織成員，而是在員工自覺自願的基礎上對他們的潛能進行充分開發，並幫助他們在實現工作目標的過程中積極做到自我成長。

從企業的價值標準和道德準則來看，幾乎沒有領導者不曾得到他人的引導和培育。同樣，領導者擁有成為教練的資格和能力之後，也應該用同樣的心態來培養後來者。如果他們能夠簡單回顧自己的成長歷程就會發現，如果沒有上級領導者對自己在當年的心血付出，就難以達成今天自身的成就。而從企業領導者的職位職責來看，培育後來者、掌握組織發展的美好未來，也是他們義不容辭的職責。如果真正了解這些事實，領導者就會付出力氣去培育組織的成員，並激勵他們不斷進步。

成為教練，自然先要有教授再要有練習，如果領導者想要成功擔任教練的角色，必須首先明白教授下屬的方法。

傑克·威爾許曾經說過：「偉大的領導者，就是偉大的教練。」為此，他將自己一半的工作時間都花費在人才培養上。威爾許曾經親自來到奇異公司管理發展學院進行授課，鼓勵學員直接表達自己的想法，甚至鼓勵學員進行憤怒的咒罵或者猛烈的抨擊，對他來說，這些都不是問題。

在威爾許這樣的直接教導下，奇異公司不僅擁有了自己歷代相承的經理人團隊，還為世界 500 大企業陸續培養出了 170 多位 CEO。直到今天，奇異公司依然保持著教練式領導的風格，而且教練這一職位，直接由最高級別的企業領導者親自擔任。

在亞洲的企業界，教練式領導也有著鮮明的代表人物，臺灣 IT 業界的教父、宏碁的創始人施振榮，就是其中一位。1990 年，他宣布，要在七年內培養出 100 名能夠獨當一面的經理人。第二年，他又在「群龍計畫」中安排下屬各家分公司的高階管理者到企業總部上課，由包括他在內的著名管理專家授課，並傳授經驗。

縱觀這些成功的教練式領導，人們可以發現，他們要做的並非只是幫助員工去尋找具體的工作問題解決方案。同時，也包括積極行使職責以激發員工在工作中的主觀能動性。很多情況下，領導者正是透過作為教練，將企業的願景賦予到教學對象的工作中，從而不斷鼓勵他們追求創新、尋找卓越，並獲得領導力的繼承。

在明確了教練過程中關於設定目標的重要性之後，企業領導者還應該清楚教練流程的五個具體步驟，如圖 4-1 所示。

圖 4-1 COACH 教練的五步流程

步驟一：認清挑戰

在教練過程中，認清挑戰意味著幫助員工看清事實真相、看到事實更多的方面，打破他們原有的想像，支持他們對目前工作狀況進行應有的分析和判斷，並幫助他們學會客觀中立的看待問題。

為此，企業領導者在進行教練過程中，應該與下屬建立彼此平等信任的關係，防止因為自己高高在上的身分原因，造成對下屬過大的壓力，影響下屬對挑戰的判斷。

其次，領導者應該鼓勵員工表達真實想法，這要求領導者在擔任教練時，應該和下屬員工說明實際工作面對的困難情況，並幫助他們對困難充分的定位。例如，「接下來的時間中我們將只是教練和學員的關係，我們暫時將不再是上下級。我們來看看面前的困難……」

再次，在指出挑戰之前，移除當事人的障礙和干擾。這意味著領導者要引導員工將內心真實的想法說出來，而不會因為上司的職務、權威或者性格問題，導致他們的潛力受到壓制和影響，甚至根本不願意說出真話。

當然，在幫助員工認清挑戰情況的過程中，領導者也應該做到注意聆聽員工的話語、觀察他們的肢體語言，這樣，能夠辨認出其認同度、投入度，讓領導者也能更好的看清員工的真實想法。

步驟二：目標

為了將領導力不斷發揚傳承下去，企業領導者在擔任教練的過程中，必須要讓員工能夠明白在下一步的工作中應該實現哪些目標。

領導者在擔任教練工作時，應該透過此步驟引導員工的教練需求。在大多數情況下，員工非常希望自己能夠從上司那裡立即得到答案，因此，他們注重將自己的問題提供給上級。當然，這種「應考型」的工作方法會讓領導者覺得疲於應付 —— 沒有人願意付錢給只會提問題的員工。

正因為如此，領導者需要去幫助員工確認自己的工作目標，而不是被下屬的目標拖得暈頭轉向。實際上，這些目標並不一定是員工在短期內就應該達到的，而是由員工短期目標、教練需求和員工長期目標構成。這是因為，大多數下屬由於工作態度和經驗問題，並不清楚自己的長遠目標，這時候應該做的是幫助他們找到目標，並加以設定，之後再開始教練過程。

施振榮曾經向人們回憶過宏碁創業時期的情況，他說，當時宏碁的薪水並不高，面對前來應徵的新員工，他如實告知情況，但是他也同時告訴這些員工，IT 產業有著光輝的前景，無論宏碁以後會不會存在，只要他們能夠投入工作，將來哪怕換一個環境也一樣能成功。透過這樣的過程，員工將自身的長遠願景分解成在宏碁工作時的不同目標，員工也就能從中獲得不斷提高的成績和不斷進步的能力。

對於既缺乏目標也並不想設定目標的員工，教練沒有辦法開始。而對於目標明確的員工，運用教練技術是很容易產生效應的。所以，成熟的領導者不僅能透過教練方式去支持員工實現短期挑戰目標，更能利用這樣的過程讓他們產生更高挑戰目標，並最終學會自發自主的學習和工作。

步驟三：制定行動計畫

在教練計畫制定的過程中，為了推動員工的進步，領導者大可運用多種策略方法，並在其過程中進行整合運用。在制定教練計畫之前，領導者應該指導員工圍繞既定的目標，討論計畫開始的不同方向。在這個過程中，應該抓住下面幾個重點：

- ✓ 具體的行動計畫是什麼？
- ✓ What：做什麼事？
- ✓ Who：誰來參與？
- ✓ When：什麼時間開始，什麼時間結束？
- ✓ Where：在哪裡展開？

一般而言，在計畫開始之後，可以採用推動式或者啟發式兩種方式來進行推進。前者類似於指導，主要透過向員工直接提供答案，幫助員工了解怎樣掌握和運用某項技能；後者則主要透過引發員工的更多思考來拓寬他們的思考模式和格局，激發他們利用自身的資源和潛能，獲得更多來自工作的可能。在傳統的企業管理中，大多採用推動式的教練，而在知識型或者科技型企業中，啟發式的教練方式將更為重要。

步驟四：執行

經過著名的企業教練研究探討認為，對員工執行的教練主要包括下面十個項目：聆聽、發問、支持、挑戰、鼓勵、指導、合作、演化、理解和策略。

- ✓ 聆聽是教練重要和基礎的工作，透過聆聽，可以產生搭建尊重和信任的作用，並收集最新資訊和資料。
- ✓ 支持，主要是協助員工找出他們在執行過程中的強項特點，強化他們的自我支持。
- ✓ 挑戰，對員工的執行準備是必須的，能夠激勵對方奮發的意願，並推進他們執行的速度。
- ✓ 鼓勵，既是對員工開始執行前進行排除干擾的激勵，也是讓他們能夠積極對準目標的鞭策。
- ✓ 指導，主要指協助和支持員工在執行中去尋找適合的方法和目標，引導他們走出對其個人和整個組織都有利的道路。
- ✓ 合作，主要是指採取分享的形式來讓員工在執行中獲得收益，如展示領導者經歷過的案例、個人總結的經驗教訓等。
- ✓ 進化，即在適當時期讓員工能夠抓住執行中的機會從量變走向質變，不斷提升。
- ✓ 發問，即透過提出問題的方式，激發員工在執行中能積極思考並找到問題的解決方式。
- ✓ 理解，即保持著應有耐性去關懷員工、尊重員工在執行中的感受和態度。
- ✓ 策略，不僅能夠幫助員工看到執行中的情況，還要為他們提前設想到未來的發展空間。

總之，對員工執行過程的教練，應該圍繞「How」即「具體如何展開工作」進行，讓員工清楚自己應該透過執行去做哪幾件事情，包括如何跟進、匯報形式、匯報對象、監督者和回饋方式、回饋次數等。

步驟五：收穫

企業中對教練輔導工作的收穫過程和傳統的工作反思檢討等，有著較大差異。這種收穫意味著對教練過程的回饋和跟進，並非為了明確錯誤原因和責任歸屬，而是在領導者的帶領下，下屬和上司能夠在同樣坦誠互信的環境中，根據客觀環境的事實，針對教練過程進行分享，並獲得學習效果。

在收穫過程中，領導者和員工可以透過下面步驟進行合作：包括對教練目標達成情況小結；對教練達成的提升或者突破進行盤點；對已經獲得的經驗或教訓進行總結；利用 PDCA 工具展望下一步如何進行新的教練輔導工作。

可以說，最能夠讓員工感受到教練價值的，莫過於這種持續回饋和跟進而構成的收穫，只有透過不斷跟進才能支持著員工從教練過程中不斷進行學習、回饋和改進，這樣周而復始不斷前進，才能持續改善員工的業績，並提升領導力，改善企業的整體表現。

總結教練輔導的流程，能夠發現其步驟存在下面的有趣「COACH」（教練）巧合：

挑戰	Challenge
目標	Object
行動計畫	Action plan
執行	Carry out
收穫	Harvest

透過這樣的「Coach」五步驟方法，領導者不但能夠讓員工成為優秀業績的創造者，同時，還將透過對他們的教練，讓他們成為領導力傳承的對象和載體，能夠讓員工繼承領導者的豐富經驗和思想財富，並從中得到不斷成長的動力，最終讓整個群體超越一般的競爭者，形成具有更大戰鬥能力的組織和團隊。

自我覺察，領導力的起跑線

自我覺察是指一個人能夠如何認識自己的心理活動和行為表現。這種能力將可以決定人們是否能夠更好的自我認識和超越，並決定他們是否能表現出更強的組織適應能力與創新能力。從這樣的角度來看，自我覺察是領導者的自知之明，也是他們提升領導力的起跑線。

自我覺察是領導力自我開發的重要機制，透過對自我進行深入思考，領導者能夠對自我進行積極回饋，從而改善領導能力。

例如，曾經有家中型製造企業的總經理向我抱怨說，最近半年，有三個管理團隊的成員都選擇離開了企業。他說，這也不能怪他們，因為企業目前還沒有能力調高管理階層員工的薪水，所以留不住這些優秀的員工。我給他的建議是，可能這樣的分析有一部分是合理的，但作為領導者，他有必要去更加深入的挖掘這些管理階層員工離職背後更深的原因。比如，他應該問自己，是不是自己對整家企業的管理方式中某些因素導致了這種離職的問題出現。

果然，經過我這樣的提醒，這位總經理發現，自己有必要重新檢討領導方式，並看看離職的員工是否對自己的領導思路和方式有所不滿。

在自我覺察能力的階段中的領導者主要分為兩種：其中位於自我覺察淺層次的領導者，習慣於尋求和他們現有領導力對抗較小的回饋。以這位企業總經理為例，他會採用較多的防禦性思維來觀察自己的領導情況，同時不太願意對明明發現的觀察線索進行深入觀察；而如果能夠進入深層次的自我覺察層次，領導力成長的速度就會不同，領導者會用積極的回饋來對現狀進行挑戰性觀察。例如，當那位總經理開始真正質疑自己的領導思維和方式的合理性時，就從淺層次進入了深層次。

為了提高領導力，領導者有必要進入深層次的自我覺察之中。他們必須將那些消極的情緒和思維的負面影響最小化。反之，如果缺乏自我覺察的能力，領導力就很容易受到情緒的支配，而盲目的對自己將要做或者已經做過的事情給出價值判斷。這種錯誤的價值判斷會形成不當的牽制，形成對領導力的阻礙。

領導者的自我覺察力離不開充分的自我情緒覺察力。這種能力，是指領導者應該正確了解自身情緒，知道情緒是如何影響自身並有可能產生怎樣的結果。能夠做到這一點，是領導者擁有較高 EQ 的基礎，對於領導者發揮領導力有重要作用。

擁有這樣的能力，意味著領導者在任何情況下都應該積極清楚自身的情緒狀態，甚至了解不同的機體反應、不同的感受意味著自身有怎樣的情緒出現。這樣，他們就能夠在發揮領導力時有著得當的舉止和恰到好處的思維，為此，領導者應該清楚自身的情緒所產生的原因，並圍繞這些原因去客觀的看待情緒變化並予以接受。

然而，良好的自我察覺特質並非只是情緒的自我察覺能力。在領導力提升過程中，自我察覺的拓展，經常會遇到經驗上的障礙。根據《財星》雜誌的調查結果顯示，大約有六成以上的領導力是從領導者的工作經驗中提煉出來的。這意味著，領導力實施所需要的必備知識和能力，主要是領導者在實際工作中培養發展的，是領導者對自身總結的結果，因此，如果領導者缺乏自我察覺的深度，很大原因在於他們對自身經驗總結得不夠深入。

例如，一些領導者往往只是願意表述自己的領導經驗，但實際上卻對之缺少觀察、反省和總結的意識。這樣，對自我進行察覺的能力就無從培養。一位總裁曾經說：「因為我從每一件事情（成功或失敗）中，都能比下屬多體悟一點點東西，事情做多了，領導水準自然就提高了。」這說明，正是領導者不斷深入的面對自身工作經驗，才能成就強大的領導力。

為了避免陷入這樣的障礙中，領導者不妨將自我覺察的鍛鍊分成下面六個重要方面來進行：尊重自身、積極心態、忠實於自身、偶爾相信直覺、傾聽他人的想法、了解自己的影響力。

尊重自身：是指領導者有必要積極辨識並尊重領導工作中自身內心的情緒與情感。這些情緒情感並不可能都是正面的，但領導者應該能做到平靜客觀的接受它們，將之當做領導過程中自我所表現出的不同部分。這樣，在員工眼中，或許領導者會更加真實，更加符合不同的情境。

積極心態：要求領導者不能用傾向於消極的心態去看問題，而是要對工作中不同事情發展的可能性保持開放心態。如果領導者在大部分時間都是讓心思集中在某種可能的判斷上，那麼，他們很難看到不同的可能性，也難以接受不同可能性的發展。這樣，就會讓他們的領導力變得糟糕起來。

忠實於自己：在領導工作過程中，應該按照領導者應有的工作風格，即自己「原來的樣子」進行，那樣，領導者就能夠形成自己的領導特點。雖然這樣做並不容易，但領導者會逐漸發現，自己會更加清楚怎樣做能夠符合本身的狀態，能夠清楚個人的工作感受會帶來怎樣的回饋收益和局限，並據此來做出領導行為的調整。

偶爾相信直覺：常常被人忽視的是領導力和自我覺察之間的關聯，也包括領導者不應遺忘自身的直覺力量和創造思維。這是因為領導者有時候會太習慣用理智的力量去嚴謹分析。然而，在一些情況下，他們必須要用正確的方法，採取直覺判斷進行理解和思考，這樣才能得到更為全面的領導力。

傾聽他人的想法：為了讓自我覺察更為全面，領導者還應該去仔細傾聽他人的評價、議論和看法，用來彌補自己觀察的不足。這樣的過程不需要領導者較早做出判斷，或者積極進行防禦，而是應該積極主動的去傾聽，並理解聽到的內容，進行有效溝通。

了解自己的影響力：另外，透過觀察員工和自己在溝通過程中的表現，獲得對自身影響力的正確了解，將能讓領導者從另一個角度去科學評判自己。

總之，在自我覺察的道路中，領導者需要不斷求索和實踐。這樣的努力將能夠保證他們走上領導力提高的起跑線。

下面的練習可以幫助你去認識自我覺察能力。

練習一：花費一些時間去反思自身在工作中感受到的情緒和衝動，問問自己，哪些是你能夠接受，哪些是你會主動拒絕的？哪些會成為你領導行為的依據，哪些是你將會壓抑的？這樣合理嗎？

練習二：想像那些你覺得會給團隊帶來消極影響的員工，再思考如果你能夠用自信的自我態度去影響和改變他們，會不會讓他們自己感到工作順利一點，並讓你對他們的觀點有所變化？

練習三：問問自己，究竟怎樣的我才是最真實的？當我如何領導時，才是真正在表現自己？哪些時候則沒有表現自己？

激勵，領導力的泉源之眼

現代管理科學認為，合適的激勵方式能夠充分激發管理對象的工作動機，並且使得對方渴求不斷成功並朝向期望的目標努力。

對於今天的企業員工而言，在教練過程中，他們接受教練的「知識和技能」部分，只是表現在最表面層次的，而隱藏在深層方面的，則是員工的態度、個性和驅動力等心智模式的不同因素。領導者之所以需要教練的工作方式，就是透過在教練過程中針對不同員工，設計出有效的激勵系統，幫助他們獲得不斷迸發的內心力量，並讓激勵成為領導力的泉源。

我曾經致力於研究大衛·麥克利蘭（David McClelland）（哈佛大學管理學教授）的研究思想。根據他的研究結論，員工在工作情境中最重要的動機或者說需求，包括成就需求、權力需求和情感需求。在教練過程中，企業領導者應該了解其學員的不同需求，並進行對應的激勵環境的創造。當適當的環境打造出來之後，就能讓員工參與到教練過程和工作程序中來，並幫助他們獲得卓越的工作成果。

某一家公司曾經的董事長這樣描述其員工的工作狀況：早上在 A 城市的機場，下午已經來到 B 城市的碼頭接貨……作為董事長，他很少下達直接的指令性工作，幾乎整個企業中的不同工作目標都是業務部門的經理們自己制定的，而董事長只是運用教練模式，讓他們真正參與到工作中，並清晰的看到自己工作中的優勢和劣勢，自動調整好心態，用最好的狀態投入工作中去。董事長強調說，他的下屬經常得到自己的激勵，如「這件事你已經做得很好，你還可以做得更好一些」。

激勵的確能夠讓員工的信心提升更多，並更願意主動參與。在美國玫琳凱化妝品公司中，整個銷售計畫都是以對員工的激勵作為基礎的。

某次，該公司來了一位新銷售員，在前兩次推銷中，她什麼也沒有銷售出去，但在第三次的產品發表會上，她賣出了 35 美元化妝品，為此，她甚至喪失了信心，打算結束自己的銷售生涯。這時，公司創始人玫琳凱（Mary Kay）找到她，指出了她在發表會中參與的成就：「妳第三次就賣出了 35 美元的東西，妳太棒了！」這句話激發了銷售員繼續參與下去的信心和勇氣，最終，她在這個職位上獲得了成功。

必須注意到，上述案例代表了絕大多數教練過程中激勵的特點：透過對員工的教練，激發他們參與下去的決心。這樣，就能影響他們的自我決策，增強他們的自主工作性質，加強他們對自身工作的控制力。在這樣的影響下，員工的工作積極性就會變得更高，他們對於整個組織會更加忠誠、執行效率會更高，而企業對他們的工作也會更加滿意。

教練並非單向度的耳提面命，而是要做到激勵員工的參與，這種參與包括教練過程，也包括企業的工作過程。當企業工作變得越來越複雜的情況下，即使是擔任教練的領導者也不可能完全了解工作中的一切細節問題，而只有第一線的員工，才能在教練的啟發和激勵下，做出針對性很強的正確決策。同時，當員工參與到決策制定之後，他們在實施決策的時候，就會將自己在教練過程中學習到的正確態度完全表現出來，他們會全力以赴，與同事們進行積極溝通，就決策進行解釋，而不會置身事外。

整體上看，隨著科技發展和資訊流通，今天的員工不僅在知識水準和教育程度上不斷提高，其自主意識也在不斷增強。即使他們身處教練模式中的學員位置，也不會心甘情願的擔任領導者教練的「工具」，而是要求在教練和工作的過程中表達自我和展現價值。在這種意願的推動下，當他們參與到教學、工作和決策中，一旦獲得成功，就會受到極大鼓舞，並更加投入、更加積極。

為此，領導者必須要重視利用教練過程中的激勵來引發員工在參與程度上的提高。

激勵是一個複雜的過程，其基礎來自於發現員工未能滿足的需求，並引導其處於心理緊張的狀態。這樣，他就會產生內心動機，並在動機的引導下行動，最終獲得滿足，並產生新的需求。

透過教練過程中的激勵，領導者能夠充分發揮組織成員的主觀能動性，能夠顯著提高他們的工作效率，順利實現企業組織的目標或者願景；能夠提高員工對自身參與工作的認識，並激發他們的工作熱情，端正他們投入工作活動的態度；激勵還能夠挖掘員工的潛力，強化他們的正面行為，轉化負面行為，並提高工作績效；透過對個體的不斷激勵，領導者還能夠在企業中營造出對整體有利的環境，促使整個組織的參與動機更加強烈。這樣，團體榮譽感和組織凝聚力會讓整個組織更加健康快速的成長。

既然激勵在企業家的教練模式中、在領導力提升過程中，有著如此重要的意義。那麼，怎樣讓員工去主動參與並接受激勵？員工更容易受到來自外部還是內部的激勵？若干年來，管理學家和心理學家們始終在研究這個問題，下面的理論將是認識該問題的出發點。

理論一：需求金字塔

馬斯洛（Maslow）提出了需求層次理論。在該理論中，人的需求被分為五種，並按照金字塔形式來表現，它們分別是生理需求、安全需求、社會需求、價值需求和自我實現的需求。只有當低一層的需求獲得滿足之後，才能隨之產生更高一層的需求。按照這樣的觀點，員工參與動機的產生可以用這樣的等式來表示：

確定的需求程度＋相應的刺激＝員工參與動機

雖然這樣的等式有所爭議，但今天，絕大多數管理學專家還是將其作為員工參與動機的基礎，同時也是正確激勵員工的基礎。

理論二：雙因素理論

赫茨伯格（Herzberg）在 1970 年代對員工參與動機的研究中，形成了雙因素理論。在其理論中，員工參與程度受到兩類因素的影響，其中一類是能夠讓人滿足的因素，而另一類則是會引起人們不滿的因素。

當員工們想要尋找自己不願意努力參與工作的原因時，大多情況下他們都會抱怨領導者不公平、收入太少抑或工作環境太差，但事實上，即使這些方面都能達到他們的要求，他們依然不一定會努力工作。因此，外界因素並非直接產生激勵作用，而只是間接和員工參與程度有關。相反，內心深處的令人滿足的因素，才能激發員工參與需求，對他們真正形成激勵作用。

該理論的研究顯示，能夠使得員工積極參與工作的並非外界的消極做法，如施加壓力、進行批評或者威脅等，而外界的積極做法如提高薪資、縮短時間、加強福利，也不可能單獨產生激勵作用。真正的激勵必須要激發員工自身的內在動機。

理論三：期望理論

該理論是美國心理學家弗魯姆（Vroom）提出的，其理論核心是激勵的效用來自於員工期望值和效價的相乘。其中，效價意味著當企業領導者作為教練所設定的目標達成之後，對員工個人的好處或者價值在其主觀上的預計，而期望值則是員工參與之後達到目標的可能性大小，以及其個人要求實現的主觀可能性大小。

例如，某員工認為自己有能力投入到一項培訓中，當完成這項培訓之後，他如果猜測老闆會結合培訓成績來提升他的工作職位，並能夠實現收入成長，那麼，他的工作積極性就會高漲。這樣，教練過程中的參與激勵效果就好。反之，如果其中效價或者期望有一個變數較低，整個激勵效果就會變差。

期望理論告訴企業領導者，在分析激勵員工的因素時，應該充分考察下屬的需求、並幫助他們找到實現需求的途徑。而期望理論也更看重在激勵過程中的量化分析因素，對這個理論的掌握，能夠讓領導者的激勵實踐具備更多的科學性和操作性。

在掌握上述理論後，領導者具體運用激勵時，還應該注意掌握下面的五方面原則。

原則一：適時性原則

在教練過程中的激勵，如同化學實驗中的催化劑，使用的時間應該根據具體情況進行分析。但通常來說，激勵應該做到及時，因為及時的激勵能夠將員工參與的熱情維持下去，並不斷讓他們發揮創造力。反之，如果激勵不及時，就會打壓員工的積極性，導致矛盾的產生。超前的激勵，會讓員工感到自己的參與無足輕重，而遲到的激勵，則會讓員工感到是多此一舉，激勵便失去了價值。

原則二：有效性原則

這一原則將會影響到激勵的目標是否能達到。為此，領導者應該考慮下面的條件：首先是確定激勵的一般條件或標準，確保其制定的科學合理；其次是辨識不同激勵對象的特點，了解他們的需求；再次是針對差異，選擇不同的激勵方式，改變這些激勵方式的投入程度。

原則三：具體性原則

透過這一原則，領導者應該做到對員工參與工作的關注，甚至包括細節的關注。當領導者決定去激勵員工的時候（尤其是在獎勵中）特別應該注意避免使用抽象化的語言進行，而是應該儘量給出一些細節化、個性化的讚賞。這樣就能表現出領導者對員工努力投入和參與的重視，並能夠強化員工的正面行為，對其他員工也能夠形成良好的示範和帶動作用。

當然，這樣的原則，要求領導者不僅能實際激勵員工，更需要他們經常深入員工的工作，了解基層情況，和下屬員工保持充分溝通，利用自己的洞察力去表達應有的激勵。言不由衷的激勵只會造成負面作用。

原則四：公平原則

激勵的公平原則，要求企業領導者在領導或者教練的過程中不能參雜個人情感，或者在下屬中區分親疏關係，而是應該做到秉公辦事、公正嚴明。人對於公平性相當敏感，因此，當領導者在激勵的過程中表現出不公平情況時，就會引起員工參與動機的減弱，影響他們的積極性。

因此，在對員工進行激勵的過程中，領導者應當對部門和員工進行利益上的合理分配，保持積極而慎重的態度，能夠按照激勵對象的貢獻大小進行激勵，從而公正透明，讓員工信服的投入到工作中去。

原則五：多樣平衡化

激勵目的是提高員工工作的積極性，而影響員工參與的因素則包括工作性質、領導行為、個人發展、同事關係、工作環境和報酬福利等。因此，領導者在採取激勵的過程中，方法切忌單一化，必須保持充分的多樣化，同時注意其方法的平衡。

物質激勵應該和精神激勵充分結合，物質激勵是基礎，而精神激勵是泉源。正面激勵應該和負面激勵進行充分結合，利用前者保持員工的朝氣和銳氣，同時又利用後者來保持組織內應有的競爭氛圍；個體的激勵應當和群體的激勵進行結合，這樣，就不會產生平均主義或者影響眾人積極性的問題。

激勵下屬是領導工作的需求，也是人性的需求。每個人都或多或少的期待著來自他人的肯定、鼓勵，而領導者如果不意識到這一點，缺少了對下屬的激勵，就會讓組織和團隊中的成員不斷缺乏安全感和責任意識。反之，如果在領導力中能夠加入「激勵」這樣的催化劑，運用於員工的管理工作中，領導者將會欣喜的看到，很可能只需要一句話，就能夠讓整個組織面目煥然一新。

去除藩籬，以批評搭建信任

教練的角色之所以對領導力的發揮有著重要意義，是因為領導者需要做的並非是在一時、一事上去糾正下屬員工的錯誤，而是要著力培養好下屬的工作習慣和思考方式。透過正確的思考和行動，去按照組織具體利益來工作，進行上下級的協調，做到對大局和發展的有利影響。

正如同優秀的教師不僅會表揚學生，更善於批評學生一樣，在領導者教練員工的過程中，既需要及時肯定和讚揚下屬，促使他們再接再厲的進步，也要適當的對他們工作中的不當言行進行批評和否定。這樣，才能達到教練的意義、發揮教練的價值。

對下屬的批評並非是為了彰顯領導者的權威性，而是在教練過程中能夠發揮重要價值的工作，有著其必然性。員工作為整個組織中不同層次的決策者和執行者，其具體從事的工作必然帶有一定的區域性，當他們進行具體工作時，有可能因為這種區域性而導致工作和整體目標相互牴觸，這樣，領導者作為指導者，就需要進行合理的否定和批評。同時，任何組織作為一個系統而言也不可能是靜止不變的，當環境有所變化的時候，整個系統的總目標、總策略也會發生變化，這時候，一些員工很容易因為不同原因難以適應這樣的變化，而領導者對他們的批評和否定無疑也是應有的必要環節。

另外，從工作能力、工作經驗和整體素養上來說，領導者一般要比下屬更高明。在這種情況下，領導者更善於從整體上對問題進行觀察，而其觀察結果也會比員工更加透澈全面。因此，當下屬因為對問題的觀察和理解不透澈而導致執行偏差的時候，透過及時批評否定，也能糾正他們的偏差，引導他們走上正確道路。從對員工教練過程本身來看，對員工的批評和否定，也是必不可少的。

作為領導者，需要透過教練之後進行的回饋結果，做到在下一個階段中更加有效的指導。而批評和否定的過程，也是對教練過程的良好控制，透過這樣的控制，能夠讓教練者保持和被教練者的有效資訊傳遞，從而促進教練系統的良性運轉。

從教練者和被教練者之間的情感維繫來看，對下級進行批評和否定的過程，也是他們進行意見溝通的過程。透過恰當的批評和否定，上下級之間能夠達到進一步的認知和交流，彼此進一步填平信任鴻溝，繼續深入進行下一步的教練工作。

因此，領導者對下屬的批評是必然的，也是重要的。當然，領導者對自我批評也因為同樣的原因，而有著其不可忽視的價值。問題在於，當領導者對下屬進行否定和批評時，如何去站在一個企業教練者的角度，表現出應有的技巧性和藝術性。

西元 1895 年歲末的一天，美國現金出納機公司布法羅公司的負責人蘭奇（Lanci）先生，會見了一位看起來很普通的年輕人。這位年輕人和許多想要應徵工作的人一樣，急切的表示自己想要成為公司的銷售員工，並且信心十足的說，自己一定能夠勝任這樣的工作。於是，蘭奇先生答應他可以試試，同時也警告他說，銷售工作並沒有他想像得那麼容易。

果然，十幾天過去了，這個年輕人四處奔走，沒有銷售出任何產品。當他沮喪的回到辦公室以後，蘭奇嚴肅的責備他說：「不是什麼人都能夠當銷售員的。你到了公司，連產品情況都沒搞清楚，就信心十足的出去盲目推銷，怎麼可能成功呢？」

年輕人已經沒有了剛來時的傲氣，他小心的聽著蘭奇的批評。

蘭奇看到責備產生了效果，便不再那麼嚴肅，而是改換了寬容的態度說：「年輕人，你還是太性急了，我們坐下來分析一下吧，為什麼沒有人願意買你的東西。」

接下來，蘭奇先生和年輕人坐在一起，他侃侃而談，告訴年輕人應該如何先去了解產品，然後如何去積極進行銷售，包括對顧客的推銷技巧和方法等。年輕人如飢似渴的學習著，記下了蘭奇先生的話。最後，蘭奇先生告訴他，下一次會帶著他一起出去推銷，如果到時候還是賣不出去，就可以辭職回家了。

過了幾天，蘭奇先生真的帶著這個年輕人出去推銷了。他讓年輕人注意觀察自己的推銷言行，並在推銷過程中提出問題，讓年輕人思考。一路拜訪客戶下來，蘭奇先生並沒有費多大努力，就簽下了好幾份合約。

由於蘭奇先生一開始的批評得法，這位年輕人就此走上了職業道路，開始學習那些能夠讓他受用一生的知識和能力，並為企業做出了重要的貢獻。後來，這位叫做托馬斯·華生（Thomas Watson）的年輕人，成為了著名企業IBM的創始人，並依然用適當的否定和批評去激勵他的下屬員工，為企業培養出一代又一代的優秀人才。

案例中的蘭奇先生並沒有簡單的壓制年輕員工的積極性，即使他表現出錯誤的工作態度和做法時，還是能夠保持正確的批評方式，這說明批評是領導者必須掌握的教練藝術。

批評，需要堅持下面的核心原則和方法。

堅持進行自我批評

作為領導者和教練，在對員工批評的同時，要意識到自我批評的重要性。這是因為領導者是整個組織中承擔首要責任的人，而員工工作的失誤，應該由領導者來分擔責任，這才符合公平原則。

然而，一些領導者只是喜歡和下屬分享工作成績，卻不願意分享責任，更不願意進行自我批評，可想而知，他的教練角色就無法真正保證他的威信。

領導者在對下屬進行否定和批評之前，應該有勇氣先進行及時的自我批評，在下屬面前承擔自己應有的責任，然後，指出下屬的不足，這樣，下屬就能夠坦然接納對自己的批評，並充分認識自身工作的失誤。

堅持做到提前警告

領導者既然同時也是教練角色，那麼就有義務及時提醒下屬。在他們進行正式的工作之前，領導者就應該給出警告，事先讓下屬了解，工作有著哪些行為準則、組織有著哪些明確的規章制度、一旦違反可能會得到怎樣的懲罰……這樣，當下屬得到明確的警告之後，他們就能夠更好的接受批評意見。

做到對事不對人

管理學家曾經多次強調，在企業中，批評應該對事不對人。儘管這一項看起來很簡單，但實際上很多領導者在實際操作中都忽視了。真正成功的批評應當是針對具體行為的，而不是和下屬的自身人格特點、素養特徵進行連結。即使需要進行處罰的時候，也應該處罰員工的行為，而不是個體。

例如，我經常能聽見企業中上司對下屬說「你這個工作態度太糟糕了」，顯然，這樣的話語讓被批評者無所適從，因為領導者並沒有指出對方具體的行為錯誤，更沒有讓下屬獲得足夠資訊去糾正他們的錯誤。類似這樣的問題，經常出現在領導者的批評過程中。其實，批評應該更加注重描述事實，而並非簡單進行評價或者判斷。

批評結合表揚

明智的教練不會只是進行批評或者表揚，同樣，作為企業的領導者，在批評過程中不應該忘記表揚。

表揚是批評的緩衝，能夠作為批評之前的心理疏導，也能夠成為批評之後進一步的激勵和引導。例如，某員工的文字能力不強，如果其領導者直接批評其文字能力較差，很難得到良好的激勵效果，但如果先表揚其執行方面的能力較強，然後再指出其文字能力不足，就能較好的達到批評的作用。

批評應該適度

作為領導者，對員工的批評應該留有適當餘地，如非必要，批評應該在私下進行，這樣，才能為下屬保留應有的自尊心。

下面這些技巧能夠幫助領導者學會更加適度的批評。

批評前應該弄清楚事實，不能因為一時的情緒激動，就對下屬進行批評，而忽略了對客觀事實的全面調查。

透過正確批評方式來針對不同的員工和事情，例如，採取委婉的方式來對性格內向的員工進行批評；採取直白的批評方式去針對自我感覺良好的員工；用公開的方式去批評嚴重的錯誤；而採取提示的方式去批評輕微錯誤。

多向下屬提問，找到更多的錯誤原因。即使領導者認為自己已經明確了解錯誤的真相，還是應該積極傾聽下屬對於整個錯誤的解釋，這樣，也能夠幫助領導者進行下一步的批評。

下面的方法可以幫助領導者自我測試其批評能力的高低，請用是或否來回答。

1. 當你感到自身還沒有理清問題時，是否馬上對員工的工作提出批評？是 □ 否 □
2. 你批評員工時，是否會表現出不耐煩或者諷刺的態度？是 □ 否 □
3. 在批評員工前，有沒有試圖了解對方最近的身體狀況、精神狀態或者情緒變化？是 □ 否 □
4. 是否喜歡在批評對方時說「我跟你強調過」、「我一直這麼說」或者「最好按我說的去做」之類的話？是 □ 否 □
5. 你批評他人用的語速和普通說話時一樣快嗎？是 □ 否 □
6. 批評他人之後，能給對方一個解釋的空間嗎？是 □ 否 □
7. 對他人工作的批評過程中，你更注重問題產生的過程？是 □ 否 □
8. 批評員工，意味著你必須要板起臉，表現出不高興、不耐煩甚至是怒氣沖沖？是 □ 否 □
9. 有沒有在批評之前，不是去找補救辦法而只是大發雷霆？是 □ 否 □
10. 在批評完員工之後，有沒有找機會與他們進行另一次溝通？是 □ 否 □

在上述問題中，1、2、4、8、9 應該是否定的回答，其他則應該是肯定的回答。根據你的回答，能夠找到自己在何種方面對批評的方法進行完善。

充分授權，挑戰產生自驅力

授權，是領導者一種有效的教練方法，評價一個企業是否充分現代化，其重要的衡量標準就在於企業是否執行了授權計畫。充分的授權，意味著領導者會利用更多的溝通方式和員工交流，了解員工的意見和看法，提高員工參與工作的挑戰機會，最終透過傳遞企業的策略精神來帶動員工產生自身的驅動能力。

從字面上就能看出，授權是權力的分享，是將不同層級、大小不同的權力授予企業中的成員。授權並非領導者對機構內部成員進行分工，這是因為被授權者將不再是那種單純的「學員」角色，而是在教練過程中獲得了一定的自主權和行動權，同時，領導者也依然對被授權者擁有指揮和監督的權力。值得注意的是，從控制轉向授權，是領導者需要面對的正確現實，而透過給予員工權力、權威和工作資源，幫助他們獲得在教練過程中的滿足感，員工們也將會獲得顯著的激勵效果。

一項研究顯示，在領導者的工作過程中，透過適當的授權，能夠將整家企業打造得更加獨特而富於績效。授權能夠滿足員工在學習、工作過程中更高層次的需求，能夠讓他們感覺自己是有價值的，並期待自己能夠獲得優異的工作成績。而授權產生的挑戰感和壓力感，也能讓絕大多數員工願意努力做到最好。

其次，授權實際上加強了企業組織中權力總量，當領導者以教練身分去和他的下屬分享權力，建立更加廣泛的權力基礎之後，整個組織就會更加有力，得以從被過度束縛和壓制的環境中釋放出來。

SONY 公司的井深大是一位經驗豐富的電子技術專家。當他進入

SONY 時，這家企業總共才 20 多名員工。老闆盛田昭夫對他充滿信心的說道：「你是我們在技術上的領袖，因此，我想要讓你去最重要的職位，並且全面負責我們公司新產品的研究開發。對於你領導的工作，我不會進行任何干涉，我只是希望你能夠充分發揮帶頭作用，並去帶動全體員工的積極性，這樣，你如果獲得成功，我們的企業就能成功。」

井深大沒有想到自己一進企業就獲得這樣的權力，他有些猶豫。盛田昭夫看出了他的壓力，繼續堅定的說：「新的領域，其實對我們每個人來說都很陌生，關鍵在於你應該和大家聯手工作，這才是我們企業的優勢！」

老闆的一番話，很快讓井深大明白過來。他興奮的想到，自己一直都只看到個人的力量，卻忽視了那 20 多名經驗豐富的員工，應該積極和他們合作，才能獲得奮鬥的成功。於是，井深大投入到工作中，正如同盛田昭夫將權力授予他一樣，井深大繼續將不同的工作事務的處理權力下放給不同部門的員工。例如，他將產品調查研究的工作權力全部授予了市場部門，又讓資訊部門負責對競爭對手產品的資訊研究。在這樣的挑戰下，這兩個部門員工迅速行動，得出了關於產品開發的建議：市場部門的員工介紹說，SONY 的磁帶錄音機之所以銷售不好，首先在於太笨重，其次在於價格太貴，建議公司應該開發重量輕、價格低的錄音機。而資訊部門的員工則告訴他說，美國已經將電晶體生產技術應用在磁帶錄音機上，不僅大大降低了成本，而且輕便、容易攜帶。

有了這樣的資訊，井深大帶領著生產工人集體合作，合力克服一道道技術難關，1954 年，他們終於研製成功了日本最早的電晶體收錄音機，並憑藉這個產品，企業獲得了發展的新機遇。

井深大獲得了優異的業績，成為 SONY 起步發展階段的重要人物。

在這個案例中，可以注意到的是其中最重要的兩個授權環節：盛田昭夫授權給井深大，並在教練過程中指導他如何放權；而井深大則放權給不同部門，並在放權之後繼續結合教練來引導他們的重點工作。在這樣的層層授權中，SONY 充分發揮了團隊的整體優勢，並帶動不同員工的積極性，將團隊的力量發揮到了極致，並獲得了企業的重大成功。

對於企業領導者而言，將工作交給下屬是相當重要的教練內容。只有將工作任務分配給員工之後，才能讓員工獲得更多的鍛鍊機會，也能讓領導者自己獲得更多時間去發現人才、準備教練工作，並進一步提升自己的領導能力。

雖然如此，不少領導者卻並不願意授權，更不善於授權。即使是中國歷史上著名的政治家諸葛亮，也是「事無巨細，皆獨專之」，儘管他有著出眾的管理能力，最終還是未能為組織帶來成功的結果。可見，領導者應該首先破除自己對授權的錯誤認知，才能開始準備正確的授權。

領導者之所以不願意授權，是因為他們經常將自己看做某件工作的唯一勝任者，這樣，即使下屬能夠完成工作，也會因為缺乏鍛鍊機會而無法接觸工作的全面過程。因此，所謂下屬缺乏行使權力的能力，很有可能是因為領導者未能有效的將教練和授權兩者進行結合，沒有給予下屬面對挑戰的機會。或者說，這是領導者沒有充分信任下屬的表現。

不少領導者經常抱怨自己的下屬中缺乏善於理解決策和加以執行的人才，卻沒有想過，身為企業領導者，對於下屬工作驅動力的提高，自己應該負有怎樣的責任。結果，他們就會缺乏支持，也難以看到員工的改變。

具體來分析這些領導者，他們往往會因下面的因素而影響了授權。

第一種情況，領導者擔心下屬的能力，對他們缺乏信心、擔心員工犯錯。但他們沒看到的是，如果能夠透過授權給員工做出適當訓練和培養，員工們做錯事情的可能性就會減少。而授權過程既然是與教練過程結合的，管理者就不應該擔心下屬做錯而拒絕授權和教練；相反，應該提供更多充分的訓練機會來避免下屬犯錯。

第二種情況，領導者擔心授權導致員工工作失去控制。在具體授權過程中，領導者有必要結合教練的回饋和評定，劃定明確的授權範圍，並注意員工權力和責任的相稱，建立積極的考評制度，從而避免失去控制的可能。

第三種情況，領導者認為，進行授權之後，效果甚至還不如自己去親自進行工作。這種領導者的缺陷在於他們將有限的時間和精力浪費在了原本自己可以不做的工作上，而如果他們能夠將這樣的時間和精力投入到對員工的訓練中，員工很有可能早就具備了授權工作的能力。

由此可見，授權的難度並非不能克服，而只有適當授權，才能成為卓有成效的領導者。

授權的注意事項包括下面四點。

激發授權者的內驅力

授權的目的是透過將權力賦予下屬，從而發揮其工作作用。但如果授權者沒有足夠的內驅力，缺乏應有的責任感、積極性，就難以保證權力正確使用。因此，企業領導者應該在教練過程中，注意用獎懲措施去引導員工，進行正確激勵，確保他們能夠因為授權而獲得更大的工作驅動力，也因為更大的工作驅動力而更好的使用權力。

要對授權員工明確應有的責任

要將權力和責任進行充分連結，及時向員工交代許可權的範圍，從而明確員工使用權力時的職責，防止其職責過度或者不足。如果領導者不能規定嚴格的職責就對員工進行授權，就容易造成領導力失當。

要注意對員工的信任

在授權過程中，和員工具體職務、工作所對應的權力應該進行充分授予，而不能只給出不充分的權力。如果領導者只是給出職務，不給出權力，就會導致對員工的不信任和不尊重。這樣，不僅導致員工失去應有的責任心，也會導致他們感覺不到信任而失去積極性，對工作更多敷衍或者推脫責任。

授權還應該注意量體裁衣

根據員工在教練過程中表現出來的能力大小，尤其是潛力的大小進行授權，能夠恰當的讓不同的員工獲得應有的權力。

為此，領導者必須慎重而認真的對待自己的員工，根據在教練過程中觀察的結果來進行對員工職權的挑選。這樣，領導者才能最大限度的發揮出員工的積極性和創造性，開發出更好的領導模式。

整體來說，領導的授權過程如下：首先，明確需要授權的理由、確定選擇下屬的原因，由此幫助員工明白其被授權的原因，並由此能夠發現接受工作的意義或任務。其次，確定和授權目標所相對應的職責、權力和時間期限，這些目標應該充分明確並成為下屬的責任。再次，制定明確的授權計畫。計畫應該根據下屬的能力水準來加以完善，確保能夠引導下屬的工作程序。最後，建立良好的控制措施，並隨時掌握下屬的執行情況。尤其是那些需要更多步驟和實踐的工作，還應透過設定檢查執行環節進行對授權的保證和控制。

總之，授權是領導者和員工之間的互動與合作，既是激勵員工的好方法，也是教練員工的正確步驟。接受授權，意味著下屬能夠從領導者的手中獲取新的舞臺，也意味著領導者的力量有了新的用武之地。利用授權方法，讓員工能夠分享任務、開始自我挑戰，就能讓員工在保持工作自主性的前提下，獲得更高的工作績效。

下面的表格能夠幫助領導者進行理想的授權評測，做到替員工客觀評分。

指標	員工 A	員工 B	員工 C
當前能力和經驗			
技能與專長			
發展潛力			
可授權時間			
積極性和熱情			
任務和個人目標一致性			
總分			
需要的支援、培訓或資源			
回饋詳細程度			

按照上述指標，分別向員工的不同成員評分，並將分數相加之後，挑選出得分最高的成員，他們往往就是有充分經驗並能履行授權工作的合格角色。

「水漲船高」與團隊打造

縱觀教練式領導的模式內涵和本質理念，和今天全世界都在崇尚的「人本管理」有著很多相關之處。然而，雖然有不少企業也提出了「人本管理」的口號，卻在對其具體應用上多少有所缺失和遺憾。這是因為，對企業進行人本管理也好、對員工採用教練模式也好，都需要對「人」這一最終領導對象有深刻研究。如果不清楚員工的心智和思考模式，不了解他們的行為策略，不懂得他們的價值觀和信念，不明確他們的身分、角色和使命，對其教練和領導就只能停留在表面，同樣，如果不能及時調整好領導者自身的內外位置和心態表現，也難以真正將自己的教練力發揮到最高。

遺憾的是，在我見過的大多數企業的日常管理中，許多企業領導者都是站在企業利益或個人利益來看待問題的。其實，維護企業和個人利益本身是領導者應該肩負的職責，但如果只是這樣看待教練模式，難免會讓領導者變得更加主觀和偏狹，缺乏客觀的視角和思維。而這種領導力風格和教練力影響，也會讓員工不願意配合工作，不願意積極成長，不願意說出真話。

在新的時代中，企業領導者需要讓自己更多適應教練身分。教練的身分應該是抽離較多實際利益的，是客觀維護被教練者利益的。在對員工進行教練時，企業領導者需要的是能夠一定程度上抽離自身利益甚至企業利益，單獨看待其個人的發展問題，這樣，員工就會因此而感激不已。

進一步來看，作為教練的領導者應該明確這樣的座右銘：「只有支持自己的員工贏，自己才能贏。」這也意味著，只有讓你的員工變得越來越優秀，作為教練和領導者的你，才會越來越優秀。

毫無疑問，在工作中，每個人都會選擇最符合自己長遠利益的方向，他們所做出的決定都會對自己有好處。因此，員工們之所以願意去接受教練，是因為他們看到了教練過程和結果對自己的好處。因為這個原因，領導者有必要支持員工從教練過程中獲益。

應用到具體的管理過程中，作為教練的領導者，不應該將對員工的教練僅僅看成個人賺錢獲利的過程，而應該是將教練看成一套機制的打造。透過機制的越來越成熟，企業將最終發展成一個有效的平臺，員工能夠透過這個平臺，變得越來越出色，實現他們個人的願望。這種願望的實現，並不會導致企業利益的損失，也不會導致領導者個人利益的損失，而是會形成有效的雙贏。

具體來說，如果領導者有足夠的洞察力就能發現，員工進入企業，接受領導和教練，所考慮的並非全都是拿到多少錢的問題。

在全世界進行的「工作中最看重什麼」的研究，針對企業領導者和職員進行調查，結果顯示，領導者大都認為職員最看重高薪資，但員工最看重的卻是發展空間和是否被看重，其次才是高薪資。其實，這背後的原因也不難理解，有了發展空間和被看重的價值，又何愁沒有長遠的高薪資？這說明，那種在領導過程中總是認為下屬眼光短淺、擔心下屬一有能力和機會就會背叛領導者和企業的看法，最終將會被淘汰。在知識經濟時代裡，只有給員工想要的成長，他們才會投桃報李，回報領導者在培育他們過程中所付出的心血。

領導者必須清楚，之所以要對員工進行教練，並不是為了將他們打造成自己統治下的「帝國順民」。那種傳統體制中企業內的所謂老實員工，或許有著忠誠，但卻缺乏凝聚力和戰鬥力，缺乏熱情和活力，他們不敢創新，不敢在工作中尋找為企業提供更高價值的機會。而新時代中，領導者需要從布幕前的獨角戲中抽身而退，透過教練模式的推廣和演變，讓自己成為大平臺的搭建者、大資源的整合者和企業整體的服務人員角色。

很多領導者都知道應該對下屬進行積極培養，但總是會有不少人擔心，當下屬成長起來之後，自己的領導地位就會被取代，更多的領導者也是因為這樣的顧慮，從而停止了對下屬的積極培養。實際上，對下屬的教練和培養，是一件雙贏的事情。當下屬能力變強之後，領導者能夠獲得更多經驗和技能；當下屬業績增加之後，這些業績也會與領導者分享；當下屬掌握更多資源之後，也會為領導者帶來更多資源；當下屬擁有更多榮譽之後，領導者也必然會因為其曾經的教練獲得更多光環……顯然，對下屬的培養有著雙贏的結果。

我們必須看到，無論在何種企業，很少會有領導者因為培養出了出色的下屬而被解聘。這是因為，絕大多數企業文化都不會形成這樣的惡性情況：如果一位領導者培養出了優秀下屬，其工作可以被接替，那麼這位領導者就沒有價值了。這樣的企業文化必然會樹立起越來越壞的樣板，導致沒有人願意真正用心教練下屬，而企業高層也不會允許這樣的錯誤發生。

同時，下屬的業績也會直接影響到領導者業績，而理智的領導者不應該、也不會願意獨自承擔發展業績的所有責任。因此，領導者要懂得利用教練過程來抓大放小，利用對下屬的培養，最大限度的開發他們的人力資源。對下屬的教練越到位，對他們的運用也就越充分，領導者的績效也就越強大。

另外，如果每位下屬都能夠在參與教練的過程中完成自己的工作，那麼，他們會進而產生新的動力，去學習領導者的工作，並嘗試完成領導者的一部分工作。這樣，領導者就會感受到更多支持和分擔，就會變得比之前要輕鬆許多。他們能夠獲得更多的時間來學習，進行策略分析，研究企業的下一步發展，或者了解新的市場。這是領導者自己往前發展的起點，而下屬也會因為這樣的狀態而更加自豪和感激。因此，不論從何種角度來看，正確、充分的教練和培養下屬，對領導者和他身邊的下屬員工來說，都能獲得雙贏的效果。

在新的時代內，在競爭態勢多元化、競爭節奏加快的激烈市場環境中，企業的發展模式已經發生了前所未有的變化。企業領導者有必要脫離那種原始的、依靠弱肉強食和爾虞我詐的發展模式，重新分析和定位與下屬的關係，並進入到和下屬合作、依賴、促進的新時期。

下面是一個測試，重點圍繞本章所強調的教練能力。請透過下列問題，對自己的相關能力進行測評。

1. 作為企業領導者，你認為最應該在什麼時候行使教練責任？

A. 員工需要提高其工作績效時

B. 員工遇到工作困難時

C. 員工需要提高能力時

2. 你認為擔任教練型領導時最需要做的基礎工作是？

A. 幫助員工發現學習的需求

B. 幫助員工設定學習目標

C. 制定對員工的輔導計畫

3. 你通常會根據何種因素進行教練？

A. 根據下屬的學習風格

B. 根據下屬的績效目標

C. 根據已經制定的教練計畫

4. 面對員工的不同學習需求，你將如何選擇開始的方向？

A. 抓住影響業績的關鍵因素

B. 抓住不同問題的輕重緩急優先順序

C. 根據之前實施過的學習計畫

5. 面對下屬在學習中的想法和觀點，你會做出怎樣的反應？

A. 站在下屬的角度去想問題

B. 根據現實情況出發

C. 根據自身教練經驗判斷

6. 面對和自身不同思考風格的學習者，你將採取怎樣的教練方式？

A. 進行改變以做到適應

B. 相互改變並逐步適應

C. 引導學習者去適應

7. 你認為自己是否善於為下屬提供學習動機和信心？

A. 我善於激勵員工

B. 我能為他們提供信心和動力

C. 我能控制他們的情緒

8. 你通常會採用什麼方式去向下屬傳授知識和經驗？

A. 透過帶動討論來讓他們自己找到答案

B. 透過提問來引發員工的思考

C. 直接告訴他們

9. 作為教練型領導，你將會主要採用什麼方式去輔導下屬？

A. 言傳身教

B. 示範

C. 說教

10. 作為教練型領導，你需要員工對其自身的學習做出哪些方面的分析？

A. 個人的成長計畫分析

B. 目標達成的分析

C. 能力差距的分析

11. 你認為教練首要的基礎能力在於哪個方面？

A. 激勵學習者的能力

B. 挖掘員工潛力的能力

C. 了解學習者心理的能力

12. 作為企業領導者，你認為自己應該如何去扮演好自身的教練角色？

A. 隨時隨地進行扮演

B. 在工作現場進行扮演

C. 選擇時間進行集中指導

13. 作為教練式的領導者，你在工作中將扮演何種角色？

A. 員工的心態調節者

B. 員工技能的傳授者

C. 員工合作的協調者

14. 作為組織和團隊的教練式領導者，你認為最重要的任務是什麼？

A. 為員工分配角色

B. 對員工進行工作分配

C. 激勵團隊

15. 如果你碰到了難以產生教練效果的員工，你會怎樣看待？

A. 選擇的教練對象出現問題

B. 選擇的教練方法出現問題

C. 員工的學習意願和興趣還不集中

上述題目選擇 A 得 3 分，選 B 得 2 分，選 C 得 1 分。如果得分在 36 分以上，說明你已經有了較強的教練能力。24 ～ 36 分則說明你的教練能力較為一般，還需要進行提升。24 分之下，說明你的教練能力較差，需要努力提升。

本章小結練習

1. 每天、每週進行自我覺察練習，發現問題並改正錯誤。
2. 找準員工對象，利用批評的方法建立信任。
3. 找準員工對象，利用授權的方法去引導他們完成工作任務。
4. 對整個團隊中不同成員按不同側重點進行教練，做到整體性提升。

第5章

帶團隊，凝聚力量

隨著知識經濟時代深入發展，競爭的激烈狀況加劇，領導者在工作中所面臨的情況越發複雜。在許多情況下，僅僅依靠領導者自己和團隊中某個人的力量，已經很難完全處理好不同的問題並採取有效的行動。因此，領導者必須要意識到帶好團隊的重要性，將組織中的成員更好的劃分和凝聚成為不同的團隊。之後，領導者應該促使成員之間做到相互依賴、連結和合作，利用團隊的力量，更為高效能的解決好問題，並在團隊這樣的平臺上進行必要的協調，讓團隊的應變能力和創新能力得以持續，從而創造出更高的業績。

「連結型」溝通

身為企業的領導者，不可能永遠只是站在策略角度的位置觀察全局，即使是再大企業的領導者，也需要帶領其身邊的團隊共同作戰。這就需要領導者能夠意識到成為「連結型」溝通者的重要性。

正如一位成功的企業領導者在溝通中所感悟到的那樣：「溝通不僅僅是語言的傳遞，是畫布塗料、數字符號或者音樂旋律和科學模型，更是人們在試圖擺脫孤獨和分享經驗並相互灌輸概念過程中，建立起的一種相互關係。」

而一位管理學家也這樣寫到：「領導職能透過和他人建立連結，從而成就卓越。」

或許領導者還沒有意識到，在企業的團隊管理中和下屬建立連結的重要性。但在生活中，絕大多數人都在有意識或無意識的試圖與其他人建立連結，這些建立連結的方法包括：尋找共同點，談論最近共同關心的事情，了解和闡述相互的目標，甚至只是對同一班地鐵的等候。人們想要透過這些方式和他人建立連結，就需要不同程度的了解他們、關心他們並站在他們的角度去思考。

同樣，為了讓領導者對個人的工作和生活執行掌控更加緊密，他們也有必要與其他人建立更加緊密的關係，包括和其他部門領導者之間的合作、和客戶的聯絡、和上級與同級的溝通、和家人的相處等等。而在團隊中，領導者和下級建立這樣緊密的連結，則成為是否能帶好團隊的關鍵 —— 如果能和團隊的每個人獲得有效連結，就能與整個團隊獲得有效連結，進而和整個企業、整個市場乃至和身邊的世界建立成功的連結。

反之，如果一個領導者自以為是團隊的控制者，而不需要和團隊成員進行有效連結，就會導致他遭遇團隊帶來的反向推動。

出色的領導者在面對團隊時，必然成為「連結型」的溝通者。無論在團隊成員還是在他人看來，他們都是開明的、真誠的，能夠直率自我表達，同時也能夠充分尊重他人，並對團隊的新事物都充滿熱情。這些因素，構成了「連結型」團隊帶頭人的重要特徵，如圖 5-1 所示。

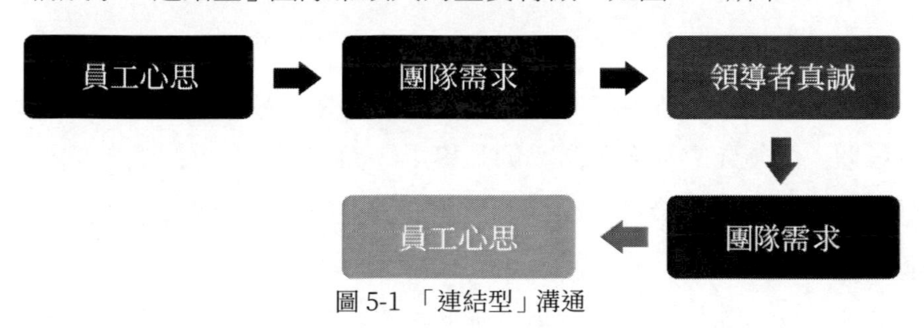

圖 5-1 「連結型」溝通

為了成為這樣的「連結型」溝通者，領導者必須先對自己掌握的資訊進行思考和組織，然後再進行表達，並考慮資訊的特點、資訊接收者的特點和自身的領導目的。同時，領導者還應該理解團隊中成員溝通的目的，抓住其中的要點，讓對方明白溝通和建立連結對他們的益處，並運用各種提問的方式來達到這樣的效果。

然而，想要成為這樣的「連結型」溝通者，對於領導者來說並不容易。正如同著名的政治家戴高樂（de Gaulle）所說：「到月亮上去，都不算太遠，人們要克服的最大距離，還是在相互之間。」如果領導者不能明白同理心的重要性，就無法真正懂得如何去用「連結型」溝通帶動團隊。

形成「連結型」溝通的基礎條件，在於領導者擁有充分的同理心，並利用同理心來和團隊拉近距離，產生凝聚力量。

同理心就是能夠設身處地、站在他人的角度來看待問題的能力和習慣。而同理心的反面則是以自我為中心。許多領導者在帶領團隊過程中都有這樣的感覺，做到理解每個員工，要比理解整個企業面對的策略情勢更困難。當員工做出某種工作行動之後，領導者也很有可能並不清楚他們的動機，這就大大降低了建立「連結型」溝通的可能。而運用同理心，則有助於領導者對員工行為動機和價值觀的了解。這樣，領導者就能清楚員工到底是為什麼在團隊中工作，並能夠懂得員工行為的原因。

員工們並不會總是主動和領導者說出自己的所有想法、和盤托出自己所有的價值觀，因此，領導者就更有必要運用同理心了。其實，領導對團隊的管理，必須建立在充分激勵的基礎上，而理解員工又是對他們激勵的前提。同理心則能夠發揮「連結型」溝通的優勢，幫助領導者做到對員工的全面理解。

當然，在今天的企業組織中，那些善於運用同理心的領導者確實並不多見。這並不見得是他們真的沒有同理心，而是他們受到了多種因素的影響：從工作壓力到管理理念，以及企業內外環境的影響，都讓他們的同理心受到壓制。而與此同時，同理心也並非毫無負面效應——同理心太強，則會導致領導者的決斷能力受到影響；而決斷能力過強，則又會同理心過弱。當然，這兩者對於團隊中建立「連結型」溝通都缺一不可。

當李開復在微軟中國研究院擔任新部門的領導者時，他聽說自己的部門將會有 400 多員工，這意味著他將會面對 400 多張陌生面孔。於是，他決定每個星期挑選出 10 名員工，去和他們共進午餐。在午餐過程中，李開復了解這些員工的姓名、工作經歷、日前工作情況和他們對工作的看法，這些資訊對於李開復思考工作和做出決策非常重要。

在每週一次和這些員工舉行的午餐會之後，他就會站在這些員工的角度，去理解他們對工作的看法，並做出相關的工作安排，同時向他們一一發出建議和意見，並與他們分享工作的處理方法。

李開復這種帶團隊的方式，就是將同理心應用在「連結型」溝通的建造過程中。他充分了解下屬，熟悉他們的具體情況，從而站在員工角度去理解他們的需求。這樣，既能夠讓員工感覺受到了重視，又利於將自己和員工之間的連結建立起來，為今後的溝通做足鋪墊。

心理學的研究也告訴我們，人類早在兩歲的時候就能夠形成同理心。心理學家將同理心的發展變化分成了三階段。

第一個階段中，人們認為他人和自己完全不同。而普通的成年人即使並非團隊領導者，也大都超過了這個階段。

第二個階段中，人們能夠做到有條件的理解他人。在這個階段中，人們可以理解那些和自己有共同點的人，但卻不能理解那些看起來無法理解的人。不少管理者的同理心狀態實際上停留在這樣的階段中。因此，他們對於和自己有共鳴的下屬表現出接受和欣賞，而對自己不太看得懂的員工，則只能採取隔離和放任的態度，或者採用過度批評的態度對待。這會導致他們和團隊中某些員工的連結中斷，並進一步影響他們和團隊的連結。

第三個階段中，人們能夠理解那些不同者，即理解那些和自己行為習慣不同、價值觀不同和背景不同的人。理論上，領導者在團隊管理中表現出的同理心程度，理應達到這樣的發展階段。

領導者如何才能讓自己的同理心程度達到這樣的階段呢？

作為領導者，需要比其他人更能夠理解員工的感受，發現員工的情緒，而運用同理心進行管理時，首先應該先管好自己。例如，領導者應該能用心聽取員工的語言表述，讓員工感到被尊重，讓他們感覺自己找到了知己；領導者應該能夠積極觀察員工的表情和動作，並正確解讀他們語言中的含義，理解真實的想法。而在更多情境下，想要和員工進行充分的「連結型」溝通，很可能需要一定程度暫時犧牲領導者的立場。這需要一定的技術，其大致過程可以分為下面兩個步驟。

第一個步驟：和員工進行交談，分辨他們的內心動機、情緒和感受。

第二個步驟：將你分辨出的正確資訊積極回饋給員工，讓他們清楚，作為團隊領導者已經明白他的感受。這樣，領導者就既能夠處理好自己的情緒，也能夠引導好員工處理他們的情緒，與員工的共識得以用最快速度達成。

由此可以得知，同理心應該發揮在兩個層次：對員工的想法和情緒了解，以及對所了解資訊的傳遞上。當領導者在聽到員工表達或者看到員工行動時，善於發揮同理心的領導者不會只是盤算自己的想法，而會思考他們究竟在想什麼、他們為何這樣做。在獲得準確明晰的結果前，不會輕易做出評論、形成結論，唯恐會阻止員工的表達，導致「連結型」溝通的中斷。而即使當領導者了解員工之後，還是會表現出充分的專注來鼓勵員工，並確認自己對其理解的程度。這樣，領導者的同理心程度就能充分上升，成為團隊中受人喜愛的溝通高手。

當然，作為領導者還應該明白，「連結型」溝通所需要的同理心，並非是一般意義上的同情心。同情心代表你對他人的觀點和感受能夠完全同意，而同理心是對他人的觀點和感受做出充分回饋，表示你對其理解和尊重，但並不一定意味著你會對他們的觀點和行為完全贊同。這是因為員工在很多情況下是站在自身角度來考慮和表述問題的，而團隊領導者在同理心的使用中，應該兼顧企業和員工的利益。

在合理運用同理心的基礎上，「連結型」溝通才能得到有效建構形成。

下面的表格可以用來測試領導者的「連結型」溝通程度：請評估「連

結型」溝通者的五個特徵中的每一項，用 1 ～ 7 分評估你在每個領域的表現。數字越高，代表能力程度越高。

「連結型」溝通者 「同理心」特徵	與客戶	與員工	私人關係
開明			
誠摯，可信			
直率			
尊重他人			
對事情充滿熱情			

溝通凝聚人心

溝通的重要性，可以從企業領導者和員工們對於會議的複雜態度中看出。當人們在企業的工作活動中發現了那些需要整個團隊通力合作才能解決的麻煩，又或者組織的運作需要相關成員集中起來溝通資訊並將思路統一起來時，他們經常會選擇會議作為團隊溝通並產生凝聚力的方式。

然而，當領導者在會議現場時，看到的卻不一定是產生凝聚力的情形。他們會發現不少參會者或者在東張西望，或者是交頭接耳，而另一些人則思想難以集中。其實，領導者大概也知道其原因，參會者並不喜歡這樣的溝通形式，但這樣的溝通形式又不可或缺。結果，會議非但沒有透過溝通來讓員工團隊具有更強的凝聚力，反而讓團隊變得渙散，效率更為低下。

面臨這樣的情況，領導者的難題是，如何去動腦筋找到那些能夠有效增強團隊凝聚力的溝通方式。

所謂團隊溝通，意味著在領導者的帶領下，團隊中為了能夠更好實現共同目標而進行的資訊交流和傳遞。這種交流和傳遞受到團隊中各種因素的影響，其中受到領導者的影響最多。例如，團隊溝通必須在一定的溝通氛圍下進行，而這樣的氛圍離不開團隊的行為規範。這些行為規範是團隊成員需要遵守的行為準則，也是溝通的基礎準則。又如，團隊中的溝通，離不開不同的角色分配，而這些角色的的分配也受到領導者個人職權運用的影響。當然，領導者個人的特質，也是影響他們溝通能力的重要因素，其中包括他們設定溝通任務的能力、獲取他人信賴的能力、掌握方向的能力等。

透過領導者帶動和影響下的溝通，能夠匯聚團隊中不同成員的思想和能力，將他們的思想和經驗進行整合，從而讓團隊成為有效運作的整體。因此，團隊的溝通，將能夠提高團隊的決策水準。當然，這樣的溝通，還能夠保證團隊的健康發展，當領導者主導下的溝通能夠保證其中每個員工受到充分的尊重，就能夠有效的建立起上下級之間、團隊成員之間的信任。這樣的信任，就是領導者對團隊帶動的基礎與保證。

現代企業中領導者對團隊的帶動，都需要充分的溝通，這種溝通既包括團隊內的日常溝通，也包括用來凝聚人心的專項溝通。以下是一些企業實踐中的好做法。

波音公司的總裁康迪特（Condit）在 1994 年上任之後，經常邀請企業的管理團隊去自己家中做客。在晚餐之後，他們圍坐壁爐前，談論波音公司以前的那些故事。等時候差不多了，康迪特就讓高階主管團隊將其中不好的故事扔到火裡面燒掉。這樣，波音歷史上那些負面的事情似乎也在高階主管們心中付之一炬，而新的凝聚力就此建立。

日本松下集團創始人松下幸之助留意表揚員工，如果發現了工作效率高、表現好的員工，他會立即在團隊中進行口頭的表揚，即使自己不在現場，也會親自打電話表揚下屬。

福特公司每年會在團隊中制定員工參與計畫，對員工參與企業管理進行動員。這個計畫能夠很好的引發員工對團隊領導者的知遇之恩，提高他們的投入感、參與感和合作感，並提出很好的合理化建議，將團隊的生產成本有效減少。

而豐田公司第一位身為家族外成員的奧田總裁，在其領導生涯中，有將近三分之一的時間在企業基層中度過。他經常和公司的技術團隊聊天，不僅聊最近工作上的困難，還聊生活困難，聽取那些工程師的意見。

經過對諸多類似案例的研究顯示，企業中團隊的發展過程中，需要結合不同階段來設定溝通策略。在不同階段中領導者面臨的團隊建設任務和問題不同，因此，就需要有著不同的溝通方式。

在團隊的形成期間，由於團隊是由動機、需求等各自不同的成員所組成，此時的團隊成員缺乏真正的目標和行為規範。因此，需要團隊領導者主要使用控制或者命令式的溝通策略來進行，溝通的主要方式應當從上而下，幫助團隊設定方向、目標，傳遞對團隊的期望，建立團隊的規範等。

在團隊凝聚期間，團隊的成員開始有所共識，並能夠積極參與群體工作。但與此同時，團隊成員之間也會為了影響力、利益而競爭，甚至導致衝突，致使其中一些員工感到受挫和焦慮，對團隊漠不關心。這時期的團隊領導者，應當重點進行教練式溝通，突出溝通的雙向交流，並注重蒐集員工的回饋。例如，多鼓勵員工來參加團隊決策、多對員工的工作狀態提出建議，多要求他們就爭議性強的問題提出看法並調解他們之間的衝突，透過溝通授權給員工並進行監督和引導。

在團隊穩定期間，整個團隊已經建立了自身的規範、形成了合作模式，並建立起了不同程度的開放氛圍。這時候，團隊成員願意就同樣的問題提出不同意見和看法，他們之間的關係變得可信賴和坦誠起來。而此時的領導者應該儘量從指揮向支持的角色轉變，而溝通方式應該做到多問和少說。這樣將能透過溝通中對回饋的注重，創造出團隊共同的優秀文化。

當團隊最終進入成熟期之後，團隊中的不同員工能夠履行自己職責，並能夠為團隊成功積極貢獻。但與此同時，溝通依然需要有所變化。這是因為，成熟團隊有可能開始變得僵硬，這就有可能導致團隊成員的個性被抹殺，而導致團隊被束縛。因此，這個階段領導者所主導的團隊溝通，應當重點展現出合作、創新和進取的特點。例如，應該為員工設定更加需要挑戰的目標，透過溝通為員工更新工作流程方法，鼓勵員工針對團隊尚未完全暴露的問題進行合理建議等。

當然，不論在團隊何種發展程度上，一些普遍的溝通要點，是團隊領導者所應該抓住的。

重描述，少判斷。不少領導者在面對團隊時，喜歡馬上做出判斷，而正確的溝通做法應當側重描述，即向員工說出自身的想法感受，並提出意見和建議。描述本身並不一定能夠為員工帶來他們犯錯的感覺，因此能夠比判斷表現得更加積極。

重平等，少優越。領導者如果想要溝通能夠更多展現自己的職位、權力和經驗、能力等各種優越感，而暗示員工在這些方面的不足，就會導致員工誤以為領導者刻意在營造高高在上的感覺，破壞團隊的凝聚氣氛。領導者必須清楚，成功的團隊溝通，應該是平等的，應該對員工有著尊敬和信任，即使他們各自在素養、能力、身分上有差別，但這些差別不應該變成有益溝通的阻礙。

重開放，少拒絕。有些領導者在溝通中經常顯得自己全知全能，他們會對員工說：「你不用說太多，我心裡自然清楚。」類似這樣的話語似乎很能打造領導者的權威感，但實際上，這樣的溝通態度導致很多資訊、看法、建議和觀點都從交流中流失，對於團隊的長期建造來看百害而無一益。真正開放的溝通態度，能夠幫助領導者去接受員工的良好想法和建議，領導者們不僅僅是站在管理者的角度，而是用包容的態度來進行討論，如「你覺得問題應該怎樣解決？」、「你的建議很有啟發性」等，這樣，才能鼓勵員工進一步開啟思路和言路，並讓團隊領導者找到正確的辦法去進行決策。

重工作，少控制。領導者在團隊溝通中，有時候會有意無意的試圖去向員工強加價值觀、信念，甚至到達了讓員工望而生畏的程度。例如，一些領導者喜歡直接對員工說：「你好好看清楚我是怎麼做的。」這種生硬的溝通方式在領導者看來也許是關心，但在員工看來則更多是直接控制，並不利於共享與合作，同樣，不利於團隊的長期發展。與此相反，團隊溝通中，領導者應該更多將問題作為導向，努力向員工傳達自己願意和他們共同努力去解決問題的姿態，這樣，才會逐漸與員工走到一起，共同解決問題，並為他們所接受。

重坦誠，少利用。誠然，在實際的團隊帶動中，由於種種主客觀因素的限制，領導者不可能不運用所謂的「權謀」對員工進行利用。但是，如果將溝通只是看做對員工的利用，最後終將導致領導者失去對方的信任，也會導致團隊失去凝聚力。長期有效的團隊溝通，應當是充滿坦誠態度的，這種態度將會有利於增進團隊交流的範圍和深度，也能大大降低團隊中相互之間的防範心理，獲得員工的理解和支持，增進上下級之間的合作機會。

重感情，少冷漠。冷漠是領導者的大忌，這種態度會讓員工覺得自己的利益和感受沒有獲得應有的關注，進一步意味著員工的言行和想法都不重要。領導者在溝通中的冷漠態度，會阻止員工試圖進行有效交流的可能。因此，良好的團隊溝通應當是充滿情感的，能夠表現出領導者對員工的感受和價值的在意和關心。這樣的態度將能夠促使領導者積極分享員工的感受，並讓員工也接受這種感情，從而讓團隊內部充滿融洽氣氛。

團隊溝通能力是領導者需要具備的核心能力。在這裡，團隊溝通能力是一種綜合的能力，而並非單純去傳遞資訊或者激發團隊活力，更需要領導者具備心理知識、個人能力、分析能力等多樣的特質，透過團隊溝通去傳遞自身領導理念，從而實現領導目標。

欣賞差異，發揮多元化的威力

旭山動物園，在日本狹小國土的最北端，卻被日本民眾多次投票選為最受歡迎的動物園。其實，這家動物園在硬體和軟體上並不是日本最好的，卻始終能夠讓遊客感到充滿吸引力。這是因為，對於遊客而言，他們最關心的是在動物園裡面能否看到不同的動物：北極熊如何度過平常的日子？企鵝們怎樣集體散步？紅毛猩猩怎樣在高空中帶著孩子盪來盪去？而旭山動物園的成功，就在於這家動物園的團隊對不同動物所處的環境和神態進行了精心設計，讓這些動物自由自在的按照本性生活，表現出多元化的姿態。這樣，整個團隊反而顯得出乎意料的統一、和諧，展現自然之美，受到遊客的喜愛。

事實上，旭山動物園在十餘年前，還差點因為資不抵債而面臨倒閉。如果當時你接任為這家動物園的領導者，會不會像今天的園長那樣，將動物們組成多元化而差異性的團隊，建構出包容性和個性都很強的環境，從而讓這樣的團隊發揮其閃亮的優點？

當然，領導一個企業組織，不可能像經營一個動物園那樣直接。但領導者必須意識到，你面對的員工或許看起來是相同的雇員，但實際上千差萬別。這種表面上的相似和內在的不同，會決定他們各自的角色，並影響整個團隊行為的工作動力和工作效率。

雖然領導者無法去完全精確的預測自己將面對怎樣的員工，但他們必須知道，不同的人必然會因為自身經歷和特點，產生有別於他人的差異。領導者應該學會了解、尊重和重視這些差異，並展現在其領導的具體過程中。只有先尊重其中每個人的差異，才能尋找到共同點。相當程度上，一位好的領導者猶如優秀電影的導演，他懂得運用不同演員的特長，展現出每個角色的差異，並帶來電影的整體品質。

然而遺憾的是，一些企業的經理人經常向我抱怨，說現在的年輕員工千差萬別，每個人的差異會帶給企業不同的問題，並因此希望在團隊中儘量抹殺這些個性，以求得工作效率的上升。不可否認，在團隊某些發展階段或者某些具體任務上，這種強硬抹殺個性的做法，的確能夠帶來一些看起來不錯的變化，但整體來說，抹殺員工的多樣性，無助於領導力的提升。相反，正是因為人具有其獨特性，每個人才會在處理事務時產生不同看法，而這些不同看法有可能變成團隊提高能力、累積經驗的動力。如果強迫每個人都一樣，那麼，團隊的靈魂必然禁錮不前。

領導者有必要看清事實，那就是團隊成員之間的差異或者相似，組成了他們各自的角色。這樣的角色很難從根本上完全得到統一，也沒有必要進行這樣的統一。如果對這些角色能夠進行正確的影響，就可以在不需要改變其個性差異的情況下，去發揮他們在團隊中的行為角色。

整體來看，多元化能夠為領導力的推進帶來一定好處。首先，多元化能夠促進整個企業組織更順利的進行創新；其次，多元化能夠讓組織更好的吸引和保留人才；再次，多元化能夠讓組織具備更多彈性，避免組織變得呆板和狹窄，能夠及時應對不同的挑戰，具有更強的適應性，並得到更大的競爭優勢；最後，組織多元化對於團隊解決問題也具有更大利益，即能夠帶來不同的思路和途徑。

當然，對員工多元化的認同，應該帶來領導力在發揮方向上的差異。而其中，尊重價值觀的多元化，是對團隊的領導過程中必須認可的事實。這是因為價值觀是每個人工作的內在動力，會影響和改變團隊成員的行為，並在每個人身上具有較好的穩定性。從整個社會趨勢來看，價值的多元化是勢不可擋的。隨著社會多元化、物質的發達和資訊傳播速度加快，每個人的價值觀都會有所不同。而對領導者來說，做好價值多元化的管理，不僅能夠對員工團隊產生牽引作用，還能夠從員工各自的價值觀中找到符合企業整體利益的價值觀因素，從而提高團隊的工作效率。

在 IBM，領導者很早就意識到了團隊多元化發展的特徵，為此，這家企業成立了「多元化工作組」。這樣的團隊由來自不同年代、背景和職位的員工組成。領導者認為，正是因為不同年代的人成長環境中的文化背景和家庭教育不同，這些各自的特點進入團隊後，就必須要被領導者所重視，否則就不能很好的帶動團隊。而進行多元化領導工作能夠幫助領導者更好的了解員工，為他們打造良好的工作氛圍。

其實，不僅是 IBM 的領導者意識到這一點，許多企業的領導者也做到了認可並尊重員工的差異，並努力創造團隊中多元的工作文化。比如，一家外商公司也成立了「多元化和包容性工作小組」，小組成員包括各個部門和群體的代表每月召開一次會議。由於亞洲員工們性格傳統而不張揚，不願意在公開場合中表達自身的意見，於是，當會議上討論敏感問題時，大家都較為退縮。為了避免這種情況造成對個性的泯滅，這家公司特地向每個參加會議的員工發放一張黃色的便條紙，請大家將不同想法以匿名方式寫在上面，然後集中收回進行公布和討論。

在迪士尼，也有這種強調不設限制、包容差異的工作氣氛。迪士尼的領導者始終留意團隊工作中放鬆的氣氛，鼓勵所有員工都應該自由表達意見。在迪士尼有叫做「銅鑼秀」的內部活動，在活動中，所有員工都會集中到會議室，不同性格的人都會提出各自的建議。對此，迪士尼的高階主管說，不設限制的討論能夠產生較好的點子，並且能夠讓這些點子得以改進。而多元化的自由討論氣氛，則會帶來充沛的靈感和創意。正是在這樣的會議中，像《小美人魚》（*The Little Mermaid*）、《風中奇緣》（*Pocahontas*）這樣優秀的作品誕生了。

一個團隊的成功，並不應該建立在領導者強迫不同員工去改變上，而是應該讓每個人發揮長處，讓團隊更加和諧圓滿。這樣，團隊內部需要花費的凝聚力成本會最低，而員工個性發揚帶來的收益和會最大。

面對著多元化的人才發展特點，領導者要正確的理解和認同員工的差異，要學會尊重、包容、利用和享受多元化，依靠多元化來獲得領導力推進的成功，這也是領導實踐所必然的選擇。

總之，對於組織的領導者而言，團隊中員工的多元化是無法迴避的事實，也是必須面對的挑戰。做好對於多元化的了解、處理，能夠促進領導力順利發揮。為此，領導者必須做到去欣賞和管理多元化，即承認個體差異而做到一視同仁，增強溝通效率並提高團隊凝聚力。另外，領導者還應該做到多元化的管理，即提高在團隊管理方法上的靈活性和多樣性，包括向員工提供彈性的工作目標；對員工工作時間給出不同限定；允許員工選擇適合他們的工作方式；提供不同的培訓和福利；根據不同員工的能力和需求給出不同承諾等。

下面是領導者在面對團隊內部差異時應該注意的。

✓ 欣賞多元化的員工，能夠讓你得到更多員工的欣賞。

✓ 接受員工們之間的不同表現，並能夠看出其各自價值和意義。

✓ 努力去分析每種價值和意義應該怎樣運用在團隊運作過程中。

✓ 永遠不要認定你的員工「應該」是怎麼樣的，而是要接受現實，並順應變化、乘勢而為。

傾聽的藝術

玫琳凱，從最普通的家庭婦女，到建立了用自己名字命名的化妝品生產行銷集團，她由此成為了商業史上的經典領導人物。但在提到自己的成功經驗時，她這樣說道：「一位優秀的管理人員，應該能夠多聽而少說。或許，這就是為什麼上帝賜予了我們兩隻耳朵，而只有一張嘴巴的緣故。」

的確，在帶領團隊前進的道路上，領導者必須要學會利用傾聽的藝術來增進團隊的和諧。

透過傾聽員工去認識他們，讓彼此從陌生變得熟悉。不只如此，領導者還能夠透過傾聽去推斷員工的性格、判斷他們工作經驗的多少、了解他們對於工作的態度與想法，以便在今後的領導過程中能夠有效的進行管理。

同時，由於領導者需要保持必要的聆聽姿態，無形中也彌補了自身的不足。當領導者懂得何時沉默，才能幫助自己掩蓋缺點——當你對團隊中其他人所談論的了解不多的情況下，適當保持沉默，就不會導致你的缺點完全暴露。而傾聽的過程同時也是學習的過程，彌補管理者的不足。即使對於那些經驗豐富的管理者而言，透過聆聽，也能防止他們因為一時疏忽而發生工作失誤。

對於員工來說，領導者的聆聽態度也是很有意義的。試想，當上司能夠坐在你的面前，不時點頭，專注聽你說話，表示出對你談話內容的興趣時，難道作為員工的你不會繼續充分、順暢的表達你的觀點？其實，這正是溝通所要達到的效果。而如果這樣的效果得以持續，員工勢必會覺得領導者和藹可親而值得信賴。科學研究也證明了這一點：大部分人，更喜歡願意聽他們說話的人，而不喜歡總是對他們說話的人。

但是，當領導者管理一個團隊時，由於工作熱情、工作責任心和團隊內外的壓力，常常過多的將溝通理解成為自己的「說」而並非「聽」，這就導致領導者在團隊溝通上出現失誤。因為缺乏有效傾聽，而和員工之間產生誤解、牴觸，甚至因為缺乏傾聽而無法發現團隊的問題，造成員工在團隊中的隔閡和孤立，使得團隊四分五裂。

本田企業的創始人本田宗一郎，被稱讚為「20 世紀最傑出的管理者」。他在回憶自己對團隊的領導過程中，說過這樣的一件事：某次，團隊中技術菁英、美國人羅伯特（Robert）找到本田，當時，本田正在自己辦公室中閉目養神。羅伯特沒有想太多，就急匆匆的走了進來，將自己花費了一年多心血的設計圖鋪開在辦公桌上，並高興的說道：「總經理，您看，我覺得這個車型非常棒，如果生產出來上市，一定會受到消費者喜愛的……」突然，羅伯特看了看面前的本田宗一郎，停止了自己的陳述，收起了設計圖，雖然本田已經睜開了眼睛，抬起頭喊著他的名字，對方卻還是頭也沒回的就離開了辦公室。

第二天，本田為了弄清楚具體的情況，便邀請羅伯特喝茶。沒想到羅伯特見到本田之後的第一句話就是：「總經理先生，我已經買好了返回美國的機票，謝謝您對我的關照。」

本田感到非常驚訝，問道：「啊，請問這究竟是為什麼？」

羅伯特看著本田的真誠態度，便說出了原因：「我之所以想要辭職，是因為您昨天並沒有認真聽我講話。就在我走進您的辦公室之前，我一直覺得這車型設計很好，而且我一見到您就說出了對這款產品的期望。我是非常為之驕傲的。但是，您當時卻沒有做出什麼反應，似乎還在想要閉眼休息。我真的很不高興，所以，我決定改變主意了。」

不久後，羅伯特將自己的產品設計帶到福特汽車公司，很快受到了這家公司的關注。作為競爭對手，本田公司也因為該產品的上市受到不小衝擊。但透過這件事情，本田發現了「聽」員工說話的重要性，也讓他了解到，如果在聆聽員工的過程中不能注意始終認真聽取，就不能及時發現員工的心理感受，難免會遭受到意想不到的失敗。此後，本田成為了一個善於聆聽的優秀企業領導者。

傾聽，並不一定意味著領導者一定要認同員工的話語，但是，在團隊中，每個人都有著表達自我的權利，而這種權利也需要被領導者所尊重。因此，想要成為受到團隊歡迎的領導者，應該了解傾聽的五個層次。

傾聽的第一個層次是完全沒有用心聽取話語

在案例中，本田對羅伯特的態度就只是在這個層次中，他幾乎沒有因為對方的話語而做出任何表示，對羅伯特和他的產品視若不見、聽若不聞，心不在焉、沉迷在自己原有的狀態中。在這個層次中，員工會感到自己被領導者無視，而領導者也不清楚員工到底想要表達什麼。

傾聽的第二個層次是假裝在用心聽取話語

該層次是不少領導者所習慣停留的。當員工找到他們想要進行建議或者意見，抑或領導者想要透過邀請員工談話來表示自己的「公平」、「民主」時，這樣的領導者會停下手頭的事情，動用自己的表情、姿態等身體語言去假裝聽取對方的話語，偶爾重複員工的話語作為回應。但整體上來說，領導者在這個層次中只是希望對話趕緊結束，自己好去做自己「應該做」的工作，這樣，所謂傾聽，其表演成分之大也就可想而知了。

傾聽的第三個層次是領導者進行選擇性傾聽

這意味著領導者在不同程度上確實聽取了員工的話語，並能從這些話語中對員工的意圖有或多或少的了解。有著一定工作經驗的領導者，通常都能在談話中達到這樣的層次。但是，這樣的傾聽是不完整、不具系統的。

在這個層次中，領導者主要聽取的是對方所說出的具體字詞和話語內容。但是，由於他們有選擇的態度，導致經常會錯過員工透過語調、聲音、姿勢、動作、表情和眼神所傳遞的意思。這樣，很容易導致雙方溝通的誤解、時間的浪費和對員工情感的忽略。

例如，領導者經常點頭，表示自己正在傾聽，但卻不提出相應的問題來進行確認，這樣員工很容易誤解，以為自己所說的話完全被理解贊同；又如，當領導者聽到讓他們感興趣、或者是和他們有共同傾向的表述內容時，就會做出積極的回應：「哦，我覺得你說得很對，我也很有同感……」但在對方的話語不讓自己感興趣的時候，就會說出：「嗯，你說的這個，我不大清楚……」之類的推脫話語。結果，傾聽的選擇性限制了領導者透過傾聽而了解團隊、認識盲點的機會。

傾聽的第四個層次是專注傾聽

在這個層次中，領導者能夠做到對自己感興趣或不感興趣、了解或不了解、認同或不認同的內容一視同仁，都能夠進行全身心投入的聽取。同時，由於領導者集中了注意力去聽取對方說話，並進行不斷的回應和鼓勵，就能讓員工說出更多的話語，加快溝通的進行。

處在這個層次中的領導者，已經能夠在溝通中表現出優秀傾聽者的充分特徵。他們會在員工的表達過程中，選擇重要的而並非感興趣的部分，並能夠意識到，這樣的態度是獲取新資訊的重要途徑。而懂得這個層次重要性的領導者，會首先分析自己的個人喜好和主觀態度，從而避免對員工的表述進行主觀武斷的評價，或者受到自身情緒波動的影響。

在這個層次中，領導者不會急於對員工說的話迅速做出判斷，而是會對對方的情感加以感同身受，並多運用詢問而並非辯論的方式進行傾聽之後的交流。

相比最高層次而言，領導者在這個層次中已經離成功的聆聽只有一步之遙，其唯一的缺憾就在於，領導者始終只是從個人利益和團隊利益來進行對員工看法和意見的聽取。

傾聽的第五個層次是用同理心聆聽

可以說，真正能夠達到這樣境界的領導者並不多。在這樣的聆聽境界中，領導者需要暫時丟下自己既有的觀點和利益，能夠真正深入員工的位置，站在他們的角度，或者進入他們的心靈去思考。這時候，領導者會利用最深處的動機，給予員工理解，這能夠讓員工感到對其領導能力難以抗拒。

由於採用了同理心，領導者能夠在內心去總結員工傳遞的資訊，對之進行質疑或者權衡，或者是有意識的辨識其中的一些線索。

領導者應該不斷對自身的傾聽能力進行訓練，從而讓自己傾聽的層次得以提高，並確保最終成為高效能傾聽者。

下面的七種具體行為，能夠幫助領導者逐漸強化自己的傾聽意識、提升自己的傾聽能力。

- ✓ 多使用目光接觸：和對方進行目光接觸，能夠讓領導者的精力得以集中，減少注意力的分散。同時，還能鼓勵員工進行更多表達，並向對方表達你是在認真傾聽的。
- ✓ 避免分心的小動作：例如，看錶、掃視桌面、到處看、玩手機、拿著筆寫寫畫畫等行為，都會讓員工不願意繼續進行溝通，或者降低他們所感受到的重視程度。

✓ 適當提問：在溝通過程中，透過適當提問，不僅能夠讓你理解對方，還能讓員工知道你的確在傾聽。

✓ 適當複述：利用領導者自己的語言對員工的看法進行複述，這樣，領導者可以進行確認，判斷自己是否真正理解正確對方意圖。

✓ 避免打斷員工：在員工說話時，儘量不要去猜測對方想法或者進行反駁，而是應該拿出基本耐心來聽完他的話語表述。

✓ 不要說太多：如果領導者說得太多，員工或者沒有勇氣、或者沒有意願來說話，更無法讓領導者傾聽和了解。

抓住聽和說的轉換環節：在大多數團隊溝通情境中，聽和說需要進行不斷轉換，領導者需要抓住這樣的轉換環節，使得員工的感受保持一致。

傾聽的意義，遠遠大於其表面看上去的作用。企業領導者在團隊管理過程中，必須將其當成溝通的重要基礎予以掌握和使用。

下面的測試能夠幫助領導者了解自身的傾聽能力，請根據自身情況選擇「是」或「否」。

1. 我經常試圖同時去聽幾個員工的交談。是 □ 否 □
2. 我喜歡只要求員工提供事實，然後由我做出解釋。是 □ 否 □
3. 我偶爾會假裝在認真聽員工說話。是 □ 否 □
4. 認為自己擅長非語言溝通的方式。是 □ 否 □
5. 員工說話之前，我就能夠知道他想要說什麼。是 □ 否 □
6. 如果我不想和員工交談下去，我經常能夠透過採取分散注意力的方式來結束談話。是 □ 否 □
7. 經常採取點頭或者皺眉的方式，去讓說話者了解我目前的感受。是 □ 否 □

8. 別人說完後，我就緊跟著說自己的看法。是 □ 否 □
9. 別人說話同時，我就會評價他說話的內容。是 □ 否 □
10. 別人說話同時，我也會思考自己接下來要說什麼。是 □ 否 □
11. 交談對象的說話風格，會影響我對內容的傾聽。是 □ 否 □
12. 為了弄清楚對方表達的內容，我經常採取提問方式，而並非進行猜測。是 □ 否 □
13. 為了了解對方觀點，我會從多個角度去思考。是 □ 否 □
14. 我經常會注意去聽自己已經認同的內容，而並非交談對象所想要表達的內容。是 □ 否 □
15. 當我和他人意見不一致時，大多數交談對象都認為我已經理解了差異點。是 □ 否 □

下面是根據領導者傾聽理論所依次得出的正確答案：否否否是否／否否否否否／否是是否是。

將錯誤答案的個數相加，並乘以 7，再用 105 減去這個數字，就是你的最後得分。

如果得分在 91 ～ 105 分，說明你的傾聽習慣良好。

得分在 77 ～ 90 分，說明有較大餘地去提高傾聽能力。

得分不到 76 分，你的傾聽能力目前較差，需要多下工夫提高傾聽能力。

充滿正能量的組織文化

在領導者對團隊建設的過程中，組織文化的建設是其中的重點。組織文化是指組織在建立和發展的過程中，逐漸形成的統一的工作方式、思維習慣和行為準則。一旦形成了卓有成效的組織文化，就能夠在相當程度上對組織成員的思想和文化產生積極影響，並推動企業的發展。

任何一家企業，如果想要在市場中獲得充分的競爭力，僅僅依靠其領導人員單獨的力量是不可能的，必須真正依靠組織的力量。而優秀組織並非空中樓閣，只有在優秀的組織文化指引下，才能具有有效的核心競爭力。當組織中的成員齊心協力之後，企業領導者的能力才能更好的影響他們，帶動他們獲得更好的業績，達成組織目標。反之，沒有優良文化的組織，只能是一盤散沙。

領導者需要做的是打造優秀的組織文化，用其中的正能量感染員工，推動他們形成具有凝聚力和戰鬥力的優秀團隊。

想要獲得優秀的組織文化，首先應該要有優秀的組織領導者。一個組織，大到企業，小到部門和其中的工作小組，想要做到組織有力，成員上下忠誠，離不開選擇大家都能夠服膺認可的組織領導者。為此，企業領導者不僅要讓自己能夠成為優秀的領導者，更要為整個組織的不同團隊選拔符合其團隊特點的人才擔任領導者，他們必須要擁有領先整個團隊的能力、良好的個人品德和擔任領導者的魅力。

其次，應該為整個組織樹立不同的目標，並為其中的不同團隊樹立各自的目標。目標不僅是團隊工作的方向指引，同時也是組織用以凝聚不同團隊成員、幫助他們不斷奮鬥的核心動力，透過樹立團隊目標，使得團隊能夠在執行的過程中按照正確的決策尋找到參考標準，為團隊成員提供合作的焦點。這樣，組織文化中會形成充分的激勵能量，促進團隊成員共同努力。

在明確團隊的目標之後，領導者需要對團隊目標進行從整體到區域性、從長遠到階段的分解，這樣，才能將大目標分解成不同的短期具體的目標。當團隊看到這樣的目標之後，就會獲得更多信心和成就感，並為一步步完成整體性的目標而奠定心理基礎。可以看到，正能量正是這樣一步步充入組織文化中並發揮作用的。

當然，僅僅有團隊的目標依然不夠，領導者還要為團隊成員之間的對立進行協調而努力，促進他們為了同一個目標而達成一致。否則，團隊的正能量會因為內部意見的分歧而消耗殆盡。這樣，從正能量的來源而言，成員的組成就相當關鍵了。

不妨設想，如果一個組織中所有的團隊成員都是性格急躁的，就會導致組織中的團隊工作經常充滿衝突；而如果一個組織中所有團隊成員都是性格緩慢的，那麼，團隊工作又會過於平緩缺乏決斷。

由此可見，一個團隊想要有充分的正能量，不能讓所有性格近似、工作方法雷同的員工組成，相反，只有員工之間的互補，才能夠讓團隊充分黏合起來。性格上，團隊中成員個性應該互補，要剛柔相濟、強弱互濟；能力上，則有著各自不同的長處。這樣，整個組織才能具有充分的正能量。

不妨看一看 IKEA 是怎樣做好團隊中正能量文化的建設的。

IKEA 企業中不同的團隊，按照其銷售的家具品種進行劃分，每個團隊負責管理一個家具部門。因此，這些部門中的團隊，必須要充分合作，積極向上的將工作做好，而 IKEA 的組織文化在營造成員之間的合作和溝通上也發揮了重要的作用。

在這家企業中，員工們並不是根據明確的職位說明來進行工作的，他們需要和團隊中其他員工一起來討論，自己應該擔負那些工作，並明確團隊的具體運作效果。這正是 IKEA 團隊所提倡的正能量團隊文化：每個員工，都是團隊的重要組成部分。而各個成員之間，必須努力透過合作實現團隊的高效能運作，促使團隊獲得良好業績。

例如，在這些團隊中，領導者和員工都是相互平等的。從 IKEA 的高階主管，到每個部門的領導者，都不會獲得什麼特殊的待遇，而是發揮其溝通作用去對整個團隊進行協調，讓每個人都能夠在正能量的影響下工作。

這種團隊文化發源於本土的企業，但是，當其進入其他國家之後，總會有些難以適應。例如，IKEA 在美國開設了分公司之後，就因為文化的差異導致了阻礙的出現。因為美國企業文化中需要對團隊的職位和職責做出明確定義，而 IKEA 原有的企業團隊文化則顯得有些模糊。這導致在最初的一段時間中，IKEA 美國公司的員工有較高的離職率。然而，IKEA 企業的領導者始終在團隊中堅持自身原有的文化。伴隨著徵才和培訓的進行，加上企業團隊文化對於員工們潛移默化的影響，新員工們逐漸全面接受了團隊文化，並且樂於融入其中。

其實，企業各自特點不同、願景和目標不同、面對市場不同、傳統文化不同等，都會不同程度的影響企業的組織文化。但整體上看，企業組織文化的建設，目的都是讓組織的成員對於組織能夠產生強烈的歸屬感，並能夠將團隊利益作為重點，保持士氣和鬥志。這樣，組織文化就能夠發揮正能量作用，並提高團隊的工作業績。

領導者應該抓住下面的工作重點去進行組織文化建設。

抓住組織的共同學習過程

組織的共同學習過程能夠提高組織成員之間相互配合、整體搭配的協調性，又能夠讓其中每個成員獲得個人能力的提高。因此，對組織文化的建設，首要落腳點在建設學習型組織上。

透過學習型組織的建設，能夠培養整個組織中的學習氣氛，並建立成有系統和符合現實需求的組織。在這樣的組織中，具有持續學習的精神，並能夠透過學習促進持續發展。在這樣的組織中，每個人都是學生，不斷學習，成為了整個組織中成員的共識。組織成員之間相互取長補短，成員之間關係因此更加融洽，相互之間尋求新的知識，獲得有效交流。

為了得到這樣良好的學習效果，領導者需要運用恰當的學習方法。其中包括培訓和培訓之外的方法。其中，培訓過程包括訓練前的評估、課程內容的安排、訓練方式的安排、訓練成效的評估和回饋並維持訓練的成果。而培訓之外的方法，則包括情境模擬、團隊討論、腦力激盪等，激發出更多的創意，促使整個團隊能夠不斷成長。

發揮員工的優勢

充滿正能量的組織文化，並不否認問題的存在。但是，這樣的組織文化更重視去幫助員工發現和發揮優勢。

美國俄亥俄州一家農墾公司的 CEO 哈蒙德（Hammond），發現公司的業績正在下降，他決定採用新的方式來對待員工：他決定不再去注意員工如何做錯了，而是留意員工是怎樣做對的。在蓋洛普公司的幫助下，哈蒙德決定，注重對員工的優勢進行發揚，從而幫助整個公司發生變化。透過這樣的改變，公司的員工在工作中發揮了更多的不同天分，而組織中的正能量文化得以昇華。

獎勵應多於懲罰

一般而言，組織領導者都關注那些重要的獎勵對於企業組織文化的影響，如加薪、升職等，但他們通常卻忘記了那些團隊中可以進行的「小型獎勵」，這些獎勵也可以產生重要的推動作用，打造出積極的正能量文化。例如，提出口頭表揚能夠讓員工獲得積極的心態，能夠讓員工看到他們應該怎樣做。但是，不少領導者或者因為忽視表揚的價值，或者因為不願意輕易表揚，導致組織文化中的正能量白白流失。

之所以有這樣的情況，是因為員工通常並沒有意識到真誠的表揚對於其工作和生活的改變，組織領導者自己也沒有意識到表揚工具的缺失會對組織文化造成怎樣的損失。同樣，組織中其他的獎勵工具也應該由領導者積極發現，並用以影響和改變組織。

重視員工中的個體差異和個人成長

充滿正能量的組織文化，不但會重視組織效能，還會關注每個員工的個人成長。如果領導者不能做到這一點，就會導致員工認為自己只是被組織利用的工具，沒辦法發揮出員工的最好表現。

充滿正能量的組織文化，對員工的職業生涯予以更多關注；而缺乏正能量的組織文化，則會導致員工只是將工作看成一種簡單的重複性行為。因此，企業領導者應該在支持員工對組織效能進行貢獻的同時，看重組織能對員工付出什麼，從而讓他們的貢獻獲得提高，也讓他們的職業發展也更加順利。

凝聚力產生創造力

美國社會心理學家斯坎特（Schachter），曾經針對團隊凝聚力究竟對其生產效率有多大影響進行過實驗研究。在其他因素保持不變的情況下，斯坎特發現，企業團隊的凝聚力越大，這家企業的生產效率就越高，同時，企業內部的創造性也就表現得越充分，整家企業獲得的價值就越大。

這樣的研究成果提醒領導者注意，在帶領團隊的過程中，既要注重凝聚力的提高，同時也要加強對團隊成員在思想上的教育和引導，防止將凝聚力的打造變成新的負面影響，在團隊中形成消極因素。這才能真正讓團隊的凝聚力和創造力結合起來，讓凝聚力成為提高工作效率的動力，而其中領導者所發揮的作用，也是整個團隊管理過程中不應缺失的重要工作。

松下幸之助之所以被稱為日本的「經營之神」，就在於他能將團隊打造得最具凝聚力，同時最富於創造性。

早在 1945 年，松下幸之助就提出，公司應該讓所有員工變得勤奮起來。為此，他不斷向整家企業的員工灌輸全員參與經營的思想。為了讓企業團隊變得堅強而凝聚，在松下電器公司發展的 1960 年代中，松下會帶領著不同團隊，頭戴傳統的頭巾，身披武士上衣，揮舞旗幟，將貨物送出倉庫。目睹著數百輛貨車的隊伍浩浩蕩蕩的駛出廠區，團隊中的每個人都會油然產生自豪之情，並為自己能在這樣的團隊中工作而感到驕傲不已。

然而，這樣的工作只是松下對團隊管理的其中一個方面而已，與此同時，他更是花大力氣去推動每個團隊員工的智慧和力量。為了達到這樣的目的，松下提議在公司團隊中建立提案獎勵制度，不惜花費重金，在全體員工中徵集所有對企業有利的建議。為此，松下公司每年要頒發不少獎金。但數字證明，那些在實踐中有效執行的提案為企業節省下了大量的費用，遠遠超過了員工所拿到的獎金。

其實，松下之所以要設立這樣的制度，並不是僅僅為了讓企業的成本能夠節約下來，而是希望不同的員工都能團結的參與到企業管理中，希望每個員工在他們自己的工作領域中都有主角意識。從而使員工就會變得團結和創新。

松下知道群體力量帶來的創造力，在對團隊的帶領過程中，他也總是用這樣的思想來指導管理。在松下的引導下，每個員工都將企業看做自己的家，將自己看成企業老闆，即使公司並不做要求，但員工們依然還是會在所有地方都去思考提案，找到對企業和自己最有用的方法。

透過和員工建立充分可靠的信任關係，才能讓員工將他們自身看做企業的主人，並隨之產生能夠為企業做貢獻的責任感。在這樣的責任感下，他們將會煥發出積極創造的努力。松下公司正是在這樣的過程下，形成了其企業的凝聚力和親和力，並表現成為企業的價值提升，使得企業能夠從一個原本不起眼的小工廠變成世界上最大的家用電器公司，並成為電子產品生產製造的大型跨國集團。其產品品種和範圍、成長速度和經營效率，都有相當一部分歸功於員工團隊的凝聚力和創造性，如圖 5-2 所示。

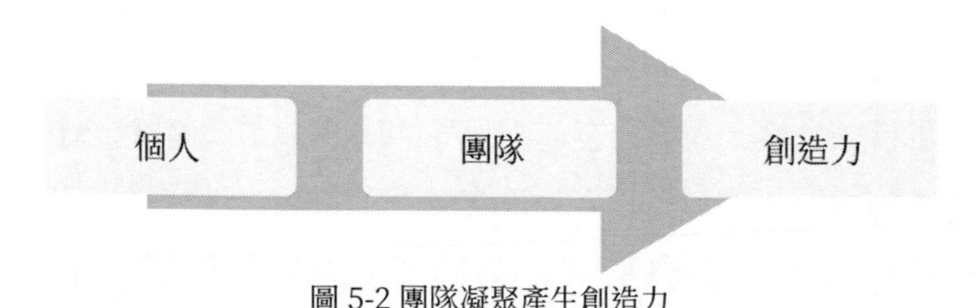

圖 5-2 團隊凝聚產生創造力

可以說，團隊的凝聚力是維持整個團隊存在的首要前提條件。如果當一個企業團隊喪失了凝聚力之後，就會如同一盤散沙，無法繼續維持。員工們甚至會樂於看到團隊如此散漫，並且「享受」其中的低效率狀態。而高凝聚力的團隊則有著顯著不同，其成員工作熱情高漲、工作態度認真，並能夠做出積極的創新，都是因為團隊凝聚力發揮的作用。

因此，作為領導者，有必要在強調給予員工自身不斷發揮的空間的同時，還要懂得讓整個團隊更加看重整體的配合，做好團隊內相互搭配的工作，形成協調一致的團隊默契，並努力讓成員之間相互了解、做到取長補短。這樣，團隊才能充分凝聚，產生遠遠高於個人力量的團隊能力，獲得令人驚豔的團隊和業績。

當然，對團隊凝聚力和創造性的關係解讀，並沒有上述內容如此簡單。員工個體的創造力經常受到個人天賦的影響，但是，整個團隊變得更具有創造性並由此獲得更多價值突破，則並沒有那麼難得。事實上，數百個企業團隊帶來的案例和經驗都顯示，企業領導者不僅能夠設法激發團隊潛在的創造性，還能用這樣的創造性去反過來帶動企業凝聚力的提升。

雖然提高創造性的方法或許並不是太獨特，但是企業領導者應該看到，在幫助企業團隊同時提升創造性和凝聚力的過程中，這些方法能夠展示出充分的協同力量。而這樣的協同力量對於那些應該隨時抓住機會去改變價值的企業來說，都是相當有益的。

讓員工體驗創造過程

如果領導者期望員工個人能夠獲得更多創造性，就應該幫助他們去擺脫在舊有工作過程中形成的成見。然而，人類的頭腦更多傾向於去堅持原本的觀察和工作方式，並會試圖去過濾客觀世界中與之相反的訊號。事實上，對於一些老練的員工來說，即使將看起來不容置疑的事情放在他們面前時，他們也不願意放棄自己既有的看法，更難以進行主動創新了。

讓員工積極參與到創造性的工作中，讓他們親自觀察和體驗變化，將能夠讓員工更加認識到創造的意義，並從中獲得相互更多的理解、寬容和信任，提高整個團隊的凝聚力。

例如，讓員工從頭到尾去體驗購買自身產品或服務的過程；以消費者身分去參觀其他企業的門市、業務或者使用他們的產品；集體對自身研發、生產、提供的產品和服務進行相關資訊的搜尋等。這些活動能夠讓員工們改變以往看待工作的觀點，並願意相互支持。

改變舊有制度

領導者在團隊的工作會議上，可以建議員工們圍繞在企業中有著哪些舊有制度進行討論，並允許他們充分發言，對這些舊有制度進行質疑和批評。

當員工們對團隊中那些舊有的制度進行了討論之後，他們將有可能系統的挑戰這些制度背後存在的傳統核心理念，而這些核心理念很有可能已經需要淘汰了。如果員工們提出的意見是正確的，領導者就應該積極應對，並表示出接受的態度，為此，企業很可能提高團隊創造的能力，並在企業價值的競爭水準上獲取提升。

運用日常管理提升創造性和凝聚力

無論是團隊的創造性還是凝聚力，都不可能是自動產生的，而是透過企業領導者一定的努力來加以提升的。

下面的日常管理方法，是我經常建議企業家用來提升團隊創造性和凝聚力的。當然，我自己也經常用之於實戰。

首先是期望。在對團隊職能加以確立分配的時候，領導者應該明確強調自己對團隊有著怎樣的期望；團隊員工應該為企業思考和解決哪些問題，他們能夠圍繞哪些方面做出創新性的工作。

其次是培訓。培訓是提升創造力的快捷途徑。但是，想要讓員工們學會創造性的工作技能和思考方法，領導者需要為團隊在培訓計畫之前後都能擁有良好的凝聚氣氛而努力，保證員工們能夠在這樣的培訓受益，從而提高培訓的效率。比如，在工作中開始腦力激盪的活動之前，先去讓整個團隊集體做一次如何提升腦力激盪效果的簡短訓練。這樣，員工們就能對腦力激盪有充分了解，並了解相互可能在類似活動中的表現傾向。由此，他們會有更好的基礎去嘗試創造性工作。

再次是練習。團隊可以透過利用創造性的方式去進行思考和解決麻煩，正如同體育項目能夠透過個人或者團體的練習來提高價值，並利用這樣的機會，讓不同的個體和整個團隊相互交流。這樣，從創造性來看，每個人透過不同程度的練習，能夠不同程度的了解新知識和新技能。而從凝聚力表現來看，共同練習過的員工顯然相互之間更為了解、更容易支援。

最後是榜樣。每個團隊中不同的員工都會關注團隊的領導者以及領導者設定的榜樣。他們從對榜樣的關注中看到，領導者對於創造性想法的態度；領導者對於創造性工作的態度。作為榜樣，如果領導者和那些優秀員工能夠帶頭積極參與到創造性活動中去，就能夠加快員工創造性的提升速度。同時，他們也會因為看到榜樣的以身作則而願意更深入的參與到對創造性的提升上來。

無論如何，當企業中的團隊開始進行創造性活動時，他們的凝聚力才得以接受考驗並充分運用，而創造性活動也會讓員工的潛力得到更大發揮，並讓他們因此發現凝聚力的價值。今天的團隊應該更善於利用群體去參與競爭、完成成果。而對於組織和團隊的領導者而言，他們所要做的就是去帶領整個團隊從凝聚力入手，看到團隊創造性提升的美好朝陽。

本章小結練習

1. 發現團隊的潛力點，確定開發的計畫和步驟。
2. 邀請團隊成員對以上計畫和步驟提出建議，並認真傾聽。
3. 從團隊外引入新的成員，並盡快透過組織文化將之凝聚。
4. 在團隊中發現員工和員工之間五處以上的差異，並分析各自產生的效果。

第 6 章

思創新，變革成長

領導力無疑是影響力的根源。想要對整個組織、團隊和其中每個人做出積極影響，必須要讓外界看到這種影響的變化效果，也要讓下屬們從自己的變化中獲得創新的積極意識、動力和目標。為此，領導者需要在其工作過程中積極運用創新思維，改變組織中現有的思維體系僵化、行動模式凝固的缺點，要求下屬員工們能夠積極的持續尋找創新機會、自我開發創造性思維和能力、學會運用「紅綠燈」思維等。為了產生這樣的效果，領導者需要找到提升創造力的相關重要因素，並利用其變革來成就團隊的績效。

尋找創新機會並持之以恆

21 世紀的發展模式是過去時代所未曾出現過的，這種發展是非線性的，要求參與的企業必須能夠用帶有「破壞力」的創造性去顛覆存在於領導者和員工言行中的固定思維，利用創新思維去尋找機會實現企業的生存和發展。

在 21 世紀，那些偉大的企業關注於怎樣開發員工的心靈，為此，其領導者在工作中用自己的熱情去引導員工，做到持續創新和業績優異，完成企業的目標。正是因為領導者能夠發揮這樣的領導力，才能讓戴爾、寶僑、微軟、嬌生和 3M 這樣的公司始終保持強勢成長。

這些企業的發展經歷說明，能夠將對員工的領導和對創新機會的掌握加以連結，企業就有可能長期保持發展，企業的成長動力也會持之以恆。

創新的機會並非輕而易舉就能發現。諾華製藥企業開發新藥基利克的故事就說明了這一點。基利克是近年來國際製藥業出現的新藥之一，是能夠作用於疾病的重要化合物，可以治療慢性粒細胞白血病。然而，僅僅在數年之前，基利克還在諾華企業的實驗室中被擱置。當時，諾華的銷售員並沒有將這種產品作為重點來進行推銷，但 CEO 卻發現了這項產品的潛力。作為醫學博士，CEO 運用自己的眼光和領導力，克服了企業內部的阻力，加速推動了基利克的臨床實驗。

最終，實驗結果相當令人驚喜，美國食品藥品管理局也在短期內就批准了藥物的上市。如今，基利克已經成為了整個諾華的主打產品，不僅大大提升了企業的聲譽，同時鼓舞了整個企業做出突破性的改變 —— CEO 在這次重大成功的影響下，迅速加大了企業在產品研發上的投入。他決定，用更加具有創造力的方式來對藥物進行推廣。例如，由於發現這種藥物產品的高昂費用會導致低收入人群使用的困難，他宣布，諾華企業將向所有年收入低於 4 萬美元的病人無償提供這樣的藥物，並向那些年收入低於 10 萬美元的患者進行降價出售。這樣，基利克產品對於諾華在美國的企業聲譽帶來了積極的影響，使得銷售總額遠遠超過不降價時的水準。

企業領導者主導的創新實質上包括三層含義：發現創新機會、創造新的產品和獲得改變。而創新機會無疑是最基礎的。站在單純的企業經營角度可以認為，創新是一種生產函數的建立，當這種新的生產函數出現之後，企業家有必要及時去利用它進行領導工作，即包括產品創新，推出新的產品；工藝創新，即採取新的技術方法進行生產；市場創新，即透過新的行銷方式來開闢市場；要素創新，即將新的要素融入生產過程中；制度創新，透過企業內部新的體制和機制進行管理等。

無論企業領導者掌握的是上述何種創新機會，必須要讓這種創新得到充分持續，才能為企業的核心競爭力帶來有益的累積和培養。例如，企業想要生存下去，就應該不斷增強自身的研發能力去開發新產品，滿足客戶不斷變化的需求。這樣，一家企業能否不斷發展和領導者是否能夠持續對企業在生產和研發過程中的創新機會進行發現和掌握有很大關係。這也正是為什麼某些曾經名不見經傳的小企業，最終卻能夠戰勝在資金或者是市場方面具有很大優勢的對手 —— 小企業的領導者，對技術方面出現的創新機會有可能更加敏感、更加專注。

當然，並不是每家企業都能夠如此幸運，從一開始就發現自己在創新方面的機會。尤其是某些行業並不需要什麼太多的技術創新，而是更多需要強大的資金實力。這時候，企業領導者能夠依靠什麼去抓住創新機會？他們需要的事實上是獲得對自身的管理思維的創新。

藉助對自身思維的創新運用，贏得更多的機會，比如「恰當挑選顧客」和「實施差異化策略」等。如果能夠獲得持續掌握，這些機會相比於技術創新帶來的機會而言，同樣也能夠為企業爭取更多利益。

比如，「實施差異化策略」的目的並不在於提供面貌完全不同的產品或者服務，而是將現有的產品和服務，按照目標顧客的個性化要求進行重新的組合取捨，包括制定正確產品或者服務策略、價格策略或者成本策略等。

在這方面，美國西南航空公司領導者對創新機會的掌握無疑是眾多企業的楷模。西南航空公司領導者發現了一個並沒有被充分滿足的顧客群，並捕捉到了其中的機會：這個顧客群關注價格、注重方便，反對多餘的服務，要求快捷和迅速。為此，西南航空公司領導者有效的對服務策略進行創新，讓航線變短、讓價格變低，讓服務變得樸實起來，並讓航班氣氛變得輕鬆歡樂等。經過持續的創新，西南航空公司成為美國第四大航空公司，而其透過創新所獲得的核心競爭力是其他公司難以企及的。

對於企業領導者而言，創新機會應該是無處不在的。而領導者是否能掌握這樣的機會，在於他們的思考方式。面對同樣的情況時，不同的領導者會產生不同思維，而不同的思維則會有不同結局。領導者必須要做到擺脫現有的常規思路約束，從而尋找到對問題的全新解答。如果領導者總是對新問題有著獨特解決方法，就能夠發現創新機會，走到競爭者的前面。

在企業中，領導者面對著四種最容易發現的創新機會，他們能夠在這樣的四種可能中積極運用自身的創新思維：意料之外的事件、工作流程中的難點、產品和市場的變化、客觀環境的變化。這些創新機會是相互重疊的，各自有著不同的風險性、困難性和複雜性。

意料之外的事件

意料之外的事件，包括意料之外的成功和失敗。然而，大多數企業領導者對計畫外的事情都保持著拒絕甚至討厭的態度；而優秀者卻能從意料之外的事件中尋找到真正的創新機會。

流程中的難點

很多領導者對已經存在並執行的工作流程似乎習以為常，但他們有必要重新看待自己或者下屬的工作流程。透過尋找其中降低效率或者導致困難的工作環節進行剖析，發現難點並對其進行破解，這樣，很有可能讓企業獲得創新並持續受益的機會。

產業和市場的變化

產業結構的變化，能夠為創新帶來豐富的機會。當某個產業在迅速成長期間，其結構會隨之改變。那些行業中有所成就的企業，會在成長過程中過分關注自己既有的利益，很難應對挑戰。這樣，創新和活力的機會，就會出現在市場中的最新細分部分，並能夠讓創新者在相當長的時間中獲得領先地位。

客觀環境的變化

客觀環境的變化有多種情況，如新知識的出現、新觀念的流行、人口數量的變化、經濟發展速度的變化等。這些創新機會要求領導者能夠掌握相關的各類知識，並進行仔細分析。另外，還要求他們能夠發現其中和自身企業相互關聯的重點。雖然這對領導者要求較高，但是以這種能力作為基礎而進行的創新，比起其他任何類型的創新而言，有可能更為貼合現實要求，並獲得實際利益。

在尋找創新機會的過程中，領導者既需要開發員工的能力去發現創新因素、掌握機會，同時，他們也應該從自身做起，結合領導力的不斷改善，為整個組織發掘和提供創新機會。這樣，就能確保組織的進步與創新機會的掌握充分結合，獲得扎實基礎。

創造性思維與創造力

我喜歡用祖母為孫子和孫女挑選聖誕禮物的故事，向諸多企業家們說明創造性思維在領導中的重要性。有位祖母很想送給孩子們一樣禮物，既能傳遞自己對他們的關愛，又能讓他們獲得足以受用一生的力量。於是，她買了三個蘋果，分別放在一個盒子中，給每個孩子一個。當孩子們打開禮物，發現了蘋果，並看到蘋果下的紙條，紙條上畫的是一臺電腦。在紙條上，祖母寫道，在每個人的內心深處，都有一粒能夠幫助你成就事業的種子，猶如蘋果的內心，而這臺電腦就是賈伯斯為世界帶來的創造。不久後，祖母去世了，孩子們卻始終保留這張紙條，並將之稱為自己的「初次蘋果體驗」。

和故事一樣，在今天的世界，不論我們是否購買和擁有蘋果產品，都能夠從賈伯斯透過蘋果產品給世界的貢獻中受益，那就是看到創造性思維和創造力的祕密。

人類文明的推進和創造無法脫離。即使再小的企業，如果停止了創造的腳步，最終也會因為毫無創造力而在競爭中失敗。

企業的創造力，與領導者是否能夠善加利用創造性思維有著充分的關聯。創造性思維可以產生前所未有的思維成果，能夠在領導者已有的知識和經驗的基礎上，透過思維的參與，在頭腦中產生新的形象和概念。

從形式上來看，創造性思維是直覺、經驗和理論的綜合運用，這種運用沒有現成的可以模仿的方法，沒有直接遵守的規則。凡是領導者對於之前未曾有過的新見解、新發現、新突破進行的思考，都有可能是促進企業整體提升的創造性思維。

從特質上來看，擁有創造性思維，要求企業領導者能夠具備下面幾種習慣性的思考特點。

質疑的基礎

創造性思維需要一定的質疑作為基礎，並要求領導者能夠從這樣的質疑中發現樂趣。心理學家發現，那些創造力強大的個人，總是會去花費大量時間思考如何對現狀進行改變。當他們看起來是在胡思亂想的時候，提出的很有可能是自己如何去進行新創造的設想。麥可·戴爾（Michael Dell）曾經不斷詢問自己：「一臺電腦的價格，為什麼會達到其零部件價格總和的五倍？」在這樣的質疑下，他用創造性思維催生了電腦新的生產和銷售模式。

想要透過質疑的習慣來磨練自己的創造性思維，企業領導者可以按照「為什麼」、「為何不」和「如果……則能……」這樣的三組疑問詞來進行思考。只要進行這樣的思考，即使是企業中的中層領導者也能思索著對現狀做出應有的改善，並讓企業獲得應有的領導力，這就是質疑的力量。

和賈伯斯所提倡的「初心」一樣，企業領導者應該保持著質疑的態度去看待工作，才能充滿好奇和驚喜的態度。這樣才能打開心門，去發現工作中的不同可能。

掌握創造性思維過程

創造性思維的實質過程，即透過選擇、突破和重新建構等一系列的思考活動，獲得對現實問題進行指導和解決的思考成果。

選擇，即對複雜因素或不同方案的取捨。從廣義上來看，創造就是一種有意識的選擇。領導者需要經過充分的思考，在企業面對的問題暴露之後，獲得正確的選擇條件。

突破，需要對現存不合理的部分進行否定並進行改變。這意味著企業領導者的思維必須能夠頂住外界的壓力，更要能夠應對自己內心的矛盾，從而超越那些不合理的部分塑造新的思維部分。

重新建構是領導者能夠將創造性思維變成創造力的關鍵步驟。在之前的選擇和突破的前提下，利用創造性思維來抓住問題的實質，建構新的思維框架，然後指導行動進行本質的躍升。

透過選擇、突破和重新建構，讓創造性思維形成有系統和統一的整體。這樣，創造力才能有其根源，不斷獲得提高。

遵守創造性思維的原則

企業領導者想要獲得創造性思維，應該充分遵循以下的原則。

獨立性原則：企業領導者應該勇於打破既有常規，能夠做出自己的獨立見解。不僅因為獨立性是創造思維的重要組成部分，同時，在創造力的使用過程中，企業領導者同樣要能處理好創新和學習的關係，才能在學習吸收現有知識經驗的基礎上，促進思維新方法的形成。

求異性原則：如果企業領導者不願意去追求不同，就很難有創造性思維，工作上也就較難有創新的動力。求異，代表著對現有成就的不滿足，並願意積極突破現狀而繼續前進。

開放性原則：只有當領導者的思想對外界保持充分開放的狀態，創造性思維才能產生。當領導者能夠對外界開放自己的思考模式，才能擁有豐富的資訊，並增加客觀環境和主觀認知下的交流。因此，開放性是推進創造性思維的基本原則。而領導者的開放性思維，應該將市場的需求和外界環境的變化作為出發點，積極分析市場，對使用者進行劃分，並了解他們的需求，對競爭對手加以研究和學習，吸收他們的智慧和經驗。

實踐性原則：領導者的創造性思維必須要在實踐中獲得檢驗。需要注意的是，思維是否真的具有創造特性，並不能由企業領導者自身的思維來判定，而是要取決於領導者個人的創造力是否真正在實踐活動中獲得了工作結果。

上述原則，對於領導者形成創造性思維有著普遍的指導意義。如果能遵守這些原則，領導者會發現，創造性思維將能夠更進一步幫助自己解放聰明才智，釋放其領導潛能。

當然，思維層面到實踐層面的改變和昇華，並非紙面上的文字那麼簡單，想要將創造性思維變成創造力，領導者就不能只藉助自己的力量，而是要懂得發揮組織成員的才能和創造力。想要達成這樣的效果，就應該去營造組織中適合發揮創造力的氣氛。

作為領導者，必須要能讓組織成員對他們各自從事的工作有充分興趣，確保這些員工對他們的工作有真正的自豪感，並在完成工作時有成就感。這樣，員工才能進行積極的自我激勵，並進一步產生創造的追求感。

作為部門以上的領導者，應該儘量讓部門間保持正常交流和溝通，這是更大層面上發揮集體創造力的首要條件。設想，如果組織中的部門或者成員時刻都只能處於相互閉塞的環境中，那麼，他們就不會有多少資訊上的溝通和交流，無法減少被細枝末節問題引導到歧途的風險。而只有部門之間、個人之間經常進行實質性交流，才能讓創造力形成火花。

在 Google 公司，最讓人羨慕的就是他們那種隨時隨地可以進行茶會式的自由休息制度。在這樣的休息制度下，許多專家都非常享受和不同部門的人員同桌談話，而跨部門的交流中，創意的靈感才會久久燃燒、難以熄滅。

當然，對於創造力的培養，並不是設立一種休息制度這樣簡單。組織氣氛中如果只有團結友善的成分，會將每個員工都變成相互謙讓的關係，而無法促進創造力的發揮。這就需要領導者引入更重要的氣氛 —— 競爭。當競爭氣氛形成之後，員工們就會產生相互比賽、彼此超越的心理，並引起他們的緊迫感和壓力感。為了引進這樣的競爭氣氛，領導者不妨向員工們指出組織整體所面對的危機，從而讓員工們在風險意識中進行工作，並為「求生」而積極創造。

一位網路企業領導者為了打造競爭氣氛，寫下了一篇文章。在這篇文章的最後一個段落中，他這樣寫道：「眼前的繁榮，是前幾天網路股大漲的慣性結果。記住一句話：『物極必反』，這一場網路裝置供應的冬天，也會像它熱得人們不理解一樣，冷得出奇。沒有預見，沒有預防，就會凍死。那時，誰有棉衣，誰就活下來了。」

這種對危機的強調和對自我的否定，反而為整個組織帶來強勁的推動力，促使企業員工不斷進行對內對外的競爭，並激發他們的更多的創造力，整合出更強的競爭力，讓企業保持了持續穩定的發展。

總而言之，領導者首先要找到方法去培養自己的創造性思維。其次，他們還應該想方設法去創造組織的氣氛，讓員工能在這樣的氣氛下，盡情發揮自己的創造力。這樣，他們領導的組織才會是充滿智慧和勇氣的創新主體。

紅燈思維與綠燈思維

和當下一些流行的觀點相反，我提倡對組織中團隊創造力進行積極管理，而不是給員工那種「放任自流」的自由。真正的團隊創造力和隨意、散漫等特點毫不相干，缺乏紀律和準則的團隊難以激發出創造力，反倒會出現和領導者期待所相反的效果。

領導者應該意識到，他們真正面對的團隊創造力問題是如何去激發組織中的不同群體超越他們原先的限定範圍進行創造。具體而言，當團隊中的成員覺得自己發現了良好的工作方法，或者，當他們認為組織現有的工作方法不正確時，如何引導他們說出自己的想法。

這就需要領導者設計一種靈活而系統的途徑，透過這樣的路徑去解決問題、形成決策，並提高決策的效率與創造性，並最終提高團隊的競爭力。如果這種途徑正確，那麼就能幫助團隊發現最真實的情況，並順利解決衝突。同時，還能讓不同員工的創造才能獲得充分施展、運用。透過鼓勵員工進行開放的觀點討論進行團隊智慧的共享，而並非讓某種決定強行通過。換言之，一個決定是否通過，來自於整個團隊亮起的紅燈或者綠燈。甚至在足球賽事中，領導者都能獲得關於團隊紅燈或綠燈思維的借鑑案例。

1974 年世界盃，荷蘭隊創造出了全攻全守戰術。在這種戰術中，沒有對每個球員位置的詳細規定，而是講究全員參與的流動作戰。透過這種靈活多變的方法，荷蘭隊充分發揮了團隊創造力，連續擊敗了三支過去的世界盃冠軍球隊：巴西、阿根廷和烏拉圭。

當然，形成這樣的團隊創造力，絕非主教練或者明星球員一個人亮起

「綠燈」就可以，它需要整個團隊的成員能夠靈活掌握不同思考方式、不同能力，還需要他們懂得何時應該採用「綠燈思維」，何時應該採用「紅燈思維」。

紅綠燈思維是比左右腦理論更能夠促進團隊創造力的方法。

其中，綠燈思維意味著團隊中任何想法都能批准、任何事情都可能發生、任何新元素的組合都是有意義的，這種思維意味著盡團隊最大的可能去鼓勵最多的想法，而不去管它們的狀態或者有效的可能性。

而紅燈思維，則和綠燈思維恰恰相反，重點在冷靜的分析思考團隊成員的想法是否能發生作用，是對這些想法和隨之而來的做法進行的理性評價。紅燈思維的運用，強調對想法和行為的分析、評價、實用性考慮和功利性分析，能夠阻止匪夷所思、脫離現實的想法。

下面的表格是這兩種思維模型的不同特點。

綠燈思維	紅燈思維
・同意你的想法和做法	・檢驗你的想法和做法
・顯然會帶來收益	・會產生多少風險
・設想全部會成真	・真的可能實現嗎
・積極有益的組合	・讓人難以接受的設計
・提供一切需要的資源	・會導致多大程度的浪費

透過組織團隊清晰理解上述兩種不同類型的思維模式，領導者能夠更好的利用時間和精力，讓整個團隊像全攻全守的球隊那樣，每個人都能參與到組織的創造力發揮中，從而讓創造思維發揮更大效果，產生更多、更科學和更具有價值的創意。

為了讓紅綠燈思維能夠更加平衡和全面，一個良好的創意團隊，應該盡可能全面的擁有下面的成員角色：

✓ 資訊蒐集者：人力資源家、實驗者、「授粉」者。

✓ 基礎工作者：嚮導、合作者、導演。

✓ 改革工作者：有經驗的設計者、背景搭建者、看守者和講述者。

這些角色都應該能夠獲得紅綠燈思維的參與許可權，並在工作中由組織領導者來帶領他們進行紅綠燈思維導向的討論。

例如，「人力資源家」是專門研究團隊中員工滿足程度、願望目標的成員，他們能夠積極向員工提問並獲取答案，同時，和團隊員工共同工作，從而對他們的行為進行觀察。團隊中有這樣的人才，將能夠在發揮團隊創造力的時候有相應的紅綠燈思維，結合「人力資源家」對員工整體和個體的了解，對團隊中提出的創造提案進行支持或者反對。

其他團隊成員角色也一樣能夠為組織的紅綠燈思維發揮作用。其中的「授粉者」是指能夠跨越企業、部門、組織結構等框架的員工，他們能夠加速紅綠燈思維過程中知識和理念的交流。

例如，寶僑公司日本分公司的 CEO 開創了這樣的先例，即提倡組織間進行交流，並積極學習其他分公司的設想，然後將討論和設想出的方案進行團體討論，利用紅綠燈思維來最終形成團隊方案。

在「授粉者」的積極參與中，寶僑日本分公司的不同團隊有了不同的創意方案和實踐。其中，口腔護理部門運用「綠燈思維」，向洗滌用品部門學習了增白劑安全效能的提高方法，並開發出了 Crest 美白牙膏，獲得了使用者的喜愛。不僅如此，寶僑公司還利用洗碗機洗滌劑的相關知識，開發出了用於汽車洗滌的產品，同樣受到市場的積極迴響。

想要讓團隊能夠在紅綠燈思維過程中充分利用員工的智慧，不僅應該讓團隊中的角色更加全面，還需要採用科學的討論和研究方法。其中，「腦力激盪」是普遍採用的團隊方法。

腦力激盪法，由現代創造學創始者、美國學者亞歷克斯·奧斯本（Alex Osborn）於 1938 年首創，這種方法最早用於廣告設計中的集體創造性思維。在這種方法過程中，透過強化同意或反對的資訊刺激，促使了思考者的想像，引發團隊內部的思考擴散，然後在短期內引起團隊中更多的設想，從中獲得創造性設想的誘發。其中，想像和聯想的方法，更接近「綠燈思維」，並對創造性設想有充分的激發作用。

在領導者組織腦力激盪活動時，應該遵循的原則包括以下內容。

首先，在腦力激盪活動中，應該進行自由暢想，一路「綠燈」，不受任何規則的限制。這樣，團隊成員就能各自放飛想像的翅膀，任思維翱翔。在這樣的過程中，不急於進行「紅燈思維」，對每個成員所提出的設想不要現場做出評價，以此消除影響創造力發揮的相關負面因素，同時，積極鼓勵員工發言，在強化思想資訊的同時，不斷對各自的思考進行刺激，從而誘發新的思想。

其次，在腦力激盪活動中，目標應該專注於提高團隊創意的數量而並不是品質。因此，必須開啟綠燈，從中提取各種可能有價值的創造，而員工提交的設想應該越多越好。

最後，在腦力激盪活動結束後，應當進行相關總結、回饋、吸收和改善的工作。在這個工作階段中，領導者應該帶領團隊員工進行理性思考和分析，多設想在腦力激盪活動中出現的相關提案有怎樣的困難和障礙，採取「紅燈思維」，才能讓腦力激盪活動中的成果真正投入團隊之後的工作，並產生對業績的推動作用。

在腦力激盪會議的種類劃分中，包括綠燈會議和紅燈會議兩種。

綠燈會議中，員工應進行輪流發言，陳述對團隊工作的過程、硬體、環境或其他問題的看法。這些看法應該被記錄在紙張上，並進行編號。當紙張寫滿以後，應該貼在告示板上，讓員工能夠清楚的看到。同時，員工可以形成自己的看法，但不允許說出評價或者批評。反之，允許成員針對紙張上的問題，說出自己延伸性的想法，或者結合他人的想法提出改進。在這次會議之後，於一、兩天內再次召開會議，並讓綠燈思維進一步發揮影響，促使想法成熟化。

紅燈會議中，員工同樣應該進行輪流發言，但這一輪發言必須從新的視角，利用逆向思維，從「紅燈」角度去看待經過篩選之後的方案。領導者可以策動員工多發現那些有可能對方案造成阻礙的困難，並同樣列舉在紙張上，並進行展示。當困難累積到一定數量後，再由集體討論解決困難的方法。這樣，紅燈思維能夠對腦力激盪進行反面補充，讓創造力發揮得更加系統和完整。

「紅綠燈思維」是一種對組織創造工作進行觀察和評估的積極思考模式，能夠相當全面的判斷問題、尋找方法，為此，領導者需要在下屬中提倡並推廣這樣的思維，以便統一員工們的思維體系，擁有更好的合作基礎。

創新型領導者的 12 個特質

創新型領導者是領導者努力發展的目標，也是企業中最重要的人才類型。創新型領導者相對於其他類型的人才來說，有著與眾不同的特質。我將其主要表現集中在下面 12 個特質上。

特質 1：領導並不僅僅是管理

領導者的工作在於努力進行變革，而管理者則注意維持平衡。領導者應該使用自身的預測和想像能力，不斷進行改革和變化，創造性的解決問題，引發下一輪的改革。但管理者則應該重點在使用常規的管理標準、約定俗成的規則去解決問題。從具體方面而言，管理者只需要對領導者和規章制度負責，而領導者則不僅需要做到這樣的負責，還要承擔規章制度以外的責任。領導者需要制定新的規則、需要在新舊規章制度交接的時候拿出主見和方向，並告訴員工應該做什麼。正因為如此，威爾許才說過，在企業中，需要更多的領導和更少的管理。他曾經提倡，不要再沉溺於管理了，趕緊開始領導吧！

特質 2：目的意識

真正的創新性領導具有很強的目的意識。因為創新並非目的，而是一種方法，其目的在於有效的實現組織的目標。這種目的意識如同對領導創造力的監測儀器，隨時能夠對自己的領導行動進行回饋。

當領導者不清楚自己的創新行動是否和目標有所關聯，或者不清楚自己的創新做法對目標達成是否有貢獻時，他們就應該向自己提出問題：「我的目的究竟是什麼？」、「我的創造性思考真的能夠對達成目的有所貢獻嗎？」

具有了目的意識的領導者，不會在創新過程中偏離了組織利益的方向而難以察覺，同樣也不會局限在某個思路中而忘記原有的目標。

特質 3：勇氣

將創新思維轉化成為實際的領導行動，需要用足夠的勇氣來實現。但遺憾的是，不少企業中的領導者都缺乏這樣的勇氣，他們對變化和創新的接受程度不夠、速度也明顯緩慢。

一家大型金融公司的 CEO 在自己做出決定之前，會選擇和外界律師進行充分溝通，然後才勇於做出決定。這樣的領導習慣，雖然能夠對於工作中的風險有所規避，但卻對於創新有著難以避免的負面影響。

與此相反，另一位總裁說：「如果有 50%的把握就行動，有暴利可圖；如果有 80%的把握才能行動，最多只能獲得平均利潤；如果有 100%的把握才開始，那麼行動之後就會虧損。」因此，他做創新決策，從來都是有 50%的把握就會行動。

領導者創新能力的高低取決於許多因素，但其中最管用的在於企業家的膽識。企業領導者需要突破現狀和自我，讓自己走出束縛，並帶領組織衝出困境。

特質 4：明確的觀點

阿基米德（Archimedes）說：「給我一個支點，我能撬動地球。」為了達到創造力的發揮目的，領導者作為訊息的發出者，同樣必須要有支點 —— 明確的觀點。

觀點，就是領導者透過衡量形勢和充分思考之後，向員工陳述的發現和建議。為了能夠讓自己的創造力更加具有針對性，使得行動具有可行性，領導者需要將觀點集中在自己認為的重要事實和方案上。同樣，他們必須要用明確的觀點，引發員工的注意，這樣，他們才能跟得上領導者的創意思路。

特質 5：不忘初心

不忘初心、方得始終。這是許多領導者都沒有充分重視的告誡。不忘記初心，意味著領導者要多問自己，為什麼要這樣做，而不是怎樣做。

初心並不是具體的事情，而是為什麼要進行創造，甚至可以這樣理解，初心意味著單純的理念，即進行革新的願望，而不是追尋革新的原因和過程。

Flickr 公司兩位創始人，一開始想要做的是遊戲，而後來讓他們大獲成功的只是遊戲中的一個配件；Confinity 公司一開始是打算讓電腦或掌上型電腦之間能夠進行電子資金的安全傳送和接收，但領導者帶著團隊硬是做成了 PayPal。這些案例說明，具體的創意對象、創意目標在變化，但是，領導者追求革新的理念不應該變化。

很多實際的情況是，當領導者剛剛帶領組織起步時，初心表現為領導者不顧一切的去實現願望。但當組織做大之後，內部的對立開始出現，外部的競爭也開始殘酷起來，領導者和組織成員都變得有所罣礙，而忘記創新的初心。針對這種情況，領導者需要積極的提醒自己，做到始終保持單純研究問題、產品或服務的態度，才能有良好的創新能力。

特質 6：誠實

誠實居於領導者創新特質的核心位置，所有創新理念和行為，都會圍繞著是否誠實這樣的本性而展開。同時，領導者是否誠實也會以行為、構想、言行和具體的工作表露出來。

想要讓自己的創意為他人所接受，領導者必須贏得員工的信賴，而想要讓自己值得這樣的信賴，就需要讓本性表現得更加誠實，老實和真誠的對待工作與生活中的每個人。

在組織中，領導者是否誠實的象徵在於是否能夠做到始終如一，無論對外或是對內，無論從前、現在還是將來，他們都需要言行一致，並值得信賴。這樣，當他們提出創意的時候，員工們才知道應該如何做下去，而不會發生意外。這就要求領導者應該對所有人一視同仁，而不是對客戶一套，對下屬一套，或者昨天一種想法，今天又是相反的想法。

特質 7：專注於大事

作為創新性領導者，始終應該抓住自己應該關注的大事。這樣，你才能保證自己創新的目標是對組織有相當大用處的，是能夠帶來良好收益的。

西漢的丞相丙吉春天出去視察工作，發現路上有死屍，但卻沒有過問。當他發現牛在大口喘氣時卻很留意。對此，他解釋說：「路上死人，有地方官吏管理。但此時天氣不熱，牛卻在喘氣，恐怕是天氣有問題，會影響今年收成。這才是丞相的職務所在。」

一個善於創新的領導者，同時也是應該科學化工作的領導者，只有抓住主要問題，才能獲得創新的高效能。領導者應該將時間和精力放在重要的工作上，這樣才能提高創造力的效率，得到最佳的創新效益。

特質 8：善於接納

創新意識強的重要特徵，在於願意接受不同體驗的開放心態，願意面對現實的顯著態度。領導者在創新過程中，應該接受對組織有幫助的種種意識，而並非拒絕和迴避。

領導者有必要去接納員工去發現他們的優點，看到他們想法中能夠帶動組織積極變化的正面力量，並將之融合形成對組織有利的思想；領導者需要去接納變革，看清楚外界變化到來的速度，判明形勢的發展，明白自己應該走向何種方向。

特質 9：不斷進取

面對競爭對手的不斷崛起和進取，促進新產品、新創意和新變化是領導者帶動組織在市場上處於不敗地位的保障。銳意創新和不斷進取的態度是優秀領導者不可或缺的，因為這樣才能保證他們有足夠的魅力，帶動組織在創新的比拚中處於不敗之地。

停止進取，意味著墨守成規的開始。領導者停步不前就會喪失企業中組織層面的活力。創新的動力，來自於領導者進取的追求。不斷進取的領導者，才能讓企業發展壯大並立於不敗之地。

特質 10：有追隨者

領導者的魅力包括對下屬的激勵和影響力，透過這種激勵和影響，下屬會主動追隨領導者。當領導者擁有足夠的追隨者之後，創意才有可能獲得充分執行，同時也有可能得到下屬的智慧補充。

要獲得追隨者，一方面取決於領導者個人品格高低；另一方面，也取決於領導者如何去影響下屬。例如，採用說服方式，可以讓下屬相信你的創意原因，並期待你的創新效果，這樣，他們可以心甘情願的成為你的追隨者。又如，透過和下屬交換意見，進行討論，能讓下屬感到和你的平等地位，並得以自發的為你的魅力所打動而甘願追隨。再如，讓員工參與到你的創造行動中來，能夠讓你個人設計的創新目標成為組織的共同目標等。

特質 11：創意

創意和創新有所不同。創意更偏重於個人的感受和想法。領導者需要積極的去尋找自己富有新意的想法、念頭，掌握過去從沒有進行過的計畫和思路。

領導者的創意應該包括下面幾個特點：首先是突發性，創意經常來自於領導者一時的靈感，並誘發他們形成想法。其次是相信，在產生創意的時候，領導者的思維活動通常是形象的。最後是自由性，領導者有必要給自己一定的時間和空間，保持想法的無拘無束和天馬行空。

特質 12：堅持

堅持是能夠驅使領導者堅定不移進行創新的動力。堅持能夠讓領導者了解自己創新的方向，並為了遠大的目標而不斷奮鬥。

一位教育集團董事長，之所以能夠獲得今天的成就，並非只是因為他在教育培訓領域做到了「第一位」的勇於創新，更多是因為他堅持不懈的性格。他堅持考了三年大學入學考，出國待了四年，從事教育的工作持續了將近二十年。他自己說：「整體來看，我的性格中有著堅韌的因素，不可能隨便放棄。」實際上，大多數善於創意的領導者，身上都有那種堅持到底的特質。他們不僅會在順境中堅持，更會在逆境中堅持下去。

總之，擁有上述 12 個特質，你不僅可以成為用創造力帶動組織的領導者，更會成為改變整個企業未來的領導者。

領導力的突破：變革成就團隊的績效

任何期望自身領導力有效成長的組織領導者，都需要在正確時段去組織對團隊的變革。實際上，無論他們是否意識到，自身和組織都始終面臨著變革的挑戰。而在今天的競爭狀態下，變革幅度和速度都絕非昔日可比。因此，組織的領導者必須要給予團隊變革高度評價，並藉團隊變革來實現業績的提高。

誠然，團隊對業績的提高能力，和團隊傳統意義上單一的領導制度分不開。但是，這樣的團隊至多只能做到一時的高效能，而並不能確保在任何競爭環境下都處於領先位置中。懂得什麼時間去進行變革，從而實現業績效率的領先，是整個組織保持成功的重要要求。

對團隊的變革和常態管理是不同的，這種不同能夠決定你究竟是「領導」還是在「管理」團隊。常態下的管理，更多集中表現在執行力的執行上，而變革管理，則不僅表現為策略上的，也表現在對團隊未來變化的精確預測、掌控上，並同樣也需要相當細膩的執行力。

舉例而言，一些管理者認為，自己對於整個團隊是最重要的，自己一旦不在職位，團隊就會失去正常工作秩序 —— 他們甚至以此為傲。但是，稍微具有領導意識的人就知道，這樣的團隊並不正常。因為擁有良好領導力的目標，是讓整個團隊能夠保持一套合理的管理體系，能夠在絕大多數情況下都正常運作。對於高績效團隊而言，他們不只是需要出色而穩定的領導者，同樣需要領先的管理體系。

如何讓團隊的執行體系始終是合理的？答案就是進行不斷變革。尤其是那些處於技術競爭激烈或者市場變化迅速的企業，更需要不斷進行團隊的自我更新。

然而，今天的企業領導者如果想在團隊中進行變革，面臨的商業環境比以往更加複雜。之前，一些強勢的領導者可以憑藉個人的力量去領導成功的變革，但是在今天的商業環境中進行團隊變革，需要獲得更多資訊，並根據資訊迅速做出反應。尤其重要的是，每次團隊的變革，還會考驗整個團隊成員的決策力和執行力。面對這些要求，培養一支能夠不斷透過變革而提高工作績效的團隊，的確是一個重要的挑戰。

為此，領導者首先要做的，則是在團隊成員中營造出良好氛圍，建立起勇於變革的文化。其次則是利用不同的方法，去引導團隊在工作中了解並接受變革，從中得到績效的提高。在這樣的過程中，不少企業的領導者發現，在成功制定並推出能夠讓團隊開始變革的措施之後，如果員工能夠心甘情願的投入到對措施的執行中，做好自己的工作，就能對團隊進行成功轉型，並實現期望的結果。

例如，某企業市場部門的高階主管曾經對我說，只有當自己直接草擬變革計畫和報告，向員工介紹和示範某種新的工作模式，並展示可能產生的良好業績之後，他的團隊才會開始對新模式進行關注，並隨之開始照做。雖然他的經驗並不完全代表所有團隊的變革，但正如有人總結的那樣：「變革實際上就是變人。」對於大多數團隊而言，變革必須要首先變革領導者，然後由領導者變革員工，而並非是讓員工來主導實施變革。高階主管們自上而下推動團隊變革，不僅要掌握整個變革的方案，還要推動員工去積極投入變革中。

正因為意識到推動員工投入變革的重要性，目前，國際上一些優秀的企業開始使用「團隊變革熱度圖」來進行對團隊變革的管理。在管理過程中，哪些員工是變革的熱點支持者，哪些員工是冷點支持者，都由領導者進行個體上和整體上的評估，先將那些支持者團結起來，並形成帶領風氣的變革人群。這樣，當整個團隊變革的部分推進到能夠讓人領會其成果的程度，其他人就會從冷點轉化成為熱點。

這說明，領導者在帶領團隊變革過程中，不能只是擅長去建構變革的理性途徑，而是應該熟悉如何去打造讓員工勇敢投入、熱忱參加的氛圍。透過針對目前不同員工的情緒，進行有的放矢的影響，採取理性說服和感性說服同時進行的方式，讓每個員工都能對變革擁有充分的積極性。

除此以外，變革開始的步驟也很重要。因為這樣的階段將會影響變革之後的進行，長遠來看，還會影響到整個變革能夠帶來怎樣的績效成長。在這個階段中，領導者應該在團隊中建立起包容失敗的文化。這是因為當企業團隊變革開始後，接受並主動進行創新的風險是相當大的，如果沒有團隊文化的支持，那麼很難有員工真正願意進行革新。反之，如果領導者打造出團隊內外的支持環境並能進行正確引導，能夠為團隊提供支持，那麼，團隊的變革就能加快和深化。

1987 年，三星商會由李健熙接任會長。他上任六年之後，三星成為世界第 14 大工業公司，利潤額為 5.2 億美元，成為在韓國經營門類最多的企業，擁有韓國所有銀行接近一半的股權。如此驚人的績效速度，來自於企業領導者對團隊的革新。

1993 年 2 月 18 日，李健熙將電子部門副經理以上的主管全部召集起來，召開了 8 個小時的會議，會議一開始，李健熙就直接指出，公司的商品已經被放在櫃檯的最角落處，危機隨時就會到來。

隨之，李健熙宣布：「整個三星，所有人除了老婆和孩子不能變，一切都必須變！」

首先，李健熙改革用人機制，將近百名有 MBA 背景的年輕人提拔成為高階主管。不僅如此，三星還尊重員工的個性，鼓勵員工不斷去創新。

其次，三星公司改變了原有的團隊中封閉性管理的傳統，而是實施了開放型管理，讓團隊中決策和執行的過程更加公開透明，不同的資訊都能在團隊上下傳遞，讓所有普通員工都能參與進來。

經過這樣的變革，三星被稱為「最不韓國的韓國企業」。而此後的亞洲金融危機未對三星公司造成很大影響，三星公司從變革中獲得了很大的收益。

三星對團隊進行積極的變革，最終成為韓國大集團的首位，獲得了極高的業績。這說明，企業的領導者除了應該對團隊有正確的自我判斷之外，還必須去激發團隊中員工的變革熱情，勇於讓變革觀念深入到員工內心，甚至利用不安定感去逼迫他們產生變革態度。

對於企業的領導者來說，應該利用下面的方法去激發團隊的變革熱情，帶領團隊贏得高績效。

首先，為團隊注入變革活力，並確定變革的方式。這些方式包括自上而下、自下而上和橫向延伸。在自上而下的變革中，可以由領導者激發團隊中幹部的熱情；而反之，可以先在基層激發員工的變革熱情，然後讓整個團隊得以行動起來；橫向的變革方式，則應該透過具體項目的操作來進行驅動。

其次，優秀的領導者並不是簡單的以命令方式來推動變革，而是透過在團隊內部改變資訊傳遞的內容和方式來進行變革的控制。為此，領導者需要透過不斷培訓和溝通，強化理念灌輸，然後讓團隊員工在工作中進行學習和理解，然後能夠在擁有充分的基礎上進行變革。

最後，企業的領導者，除了要在團隊變革過程中發揮其個人的榜樣作用，還要提高團隊對變革計畫執行的能見程度，能夠讓變革的資訊不斷在員工面前更新，成為指導他們行動的風向標。

領導者不妨採取一些象徵性的行動來喚起員工對變革的注意力。例如，為了表現對市場行銷模式變革的關注力度，可以抽調生產方面的重要幹部加入到影響團隊中去，從而充實市場行銷的力量。為了加強團隊的活力，可以安排較為年輕的管理幹部擔任團隊內有明顯實際權力的職位等。這些行動，很有可能彰顯領導者對於團隊變革的決心，並激發團隊的變革熱情。

傑克·威爾許曾經說：「對企業領導者而言，只知道變什麼還不夠，重要的是知道如何變革。」作為一名優秀的領導者，在帶領團隊時，要做到的就是隨著變化而變革。因此，激發團隊變革熱情，和員工共同變革推動績效提升，是領導者的主要任務。

本章小結練習

1. 召開員工會議，要求每個下屬提出一個創新的「點子」以提高組織績效。
2. 選擇創新思維較強的員工，讓他們擔任更容易發現變革機會的職位工作。
3. 召開「紅綠燈會議」，並形成組織或者團隊討論工作的傳統。
4. 選擇正確時機，在團隊面對較重要項目或較大壓力時，對既有規則進行變革。

第 7 章

搭平臺，激發潛能

每個優秀的員工，之所以能夠在不同的時刻綻放其光彩，成為企業中的人才，除了依靠其先天特質和後天努力之外，與領導者對其潛能的激發有著密切關係。領導者必須意識到，組織不僅是自己管理的對象，同時也是自身經營建設的平臺。在這樣的平臺建設中，他們應該學會有意識的進行對員工潛能的開發，最大限度的發掘組織成員的內在能力，讓他們成為對組織穩定發展有著充分貢獻的動力泉源。透過對平臺的建設，領導者應該讓員工能夠感受到足以自豪的成就感，即使他們並沒有能夠在短期內達到較高的要求。領導者還是應該為下屬打造發揮優勢的空間，能夠積極抑制其弱點，並能在這樣的過程中滿足下屬的需求，讓他們帶著更多對未來的憧憬而主動開發自我、打造自我。

管理弱點，讓你的優勢更強

能否充分信任員工，並非只是透過授權和放權進行。對員工而言，看到自己發揮優勢的空間、改正缺點的空間，並能夠因此而自由發展，是他們衡量企業領導者領導力的重要標準。優秀的領導者並不是為了利用員工才將權力下放給他們，領導者要做的是為員工創造出機會並幫助他們獲得更大的平臺。

要帶領好組織前進，就要任用好人才，並為人才提供相應的發展平臺。任用人才，應該做到不設立太多的藩籬，並能夠利用現有條件，為他們創造出發揮優勢的空間。而當領導者發現了團隊中極其優秀的員工，就更應該創造足夠的舞臺讓他們發揮優勢 —— 這些舞臺甚至應該超過普通員工所擁有的努力空間。

一家成功的企業，必然為員工創造了寬鬆的工作環境。我看到在這樣的企業中，領導者不會給員工太多限制，而會給予員工更多自由發揮的空間。這是因為，如果一個領導者將員工管得太死，那麼，就會導致組織的活力和生命力不斷流失，最終將走向窮途末路。

IBM 對人才管理的辦法多少看起來有些過於「寬鬆」。在這家企業中，員工們奉行的是「野鴨」精神。其來源是丹麥哲學家齊克果（Kierkegaard）的名言：「野鴨或許能夠被人們所馴服，但是，一旦被馴服，野鴨就失去了其野性，無法再海闊天空的自由飛翔。」正因如此，IBM 公司總經理華生強調員工應該有「野鴨」精神，並身先士卒的表現出對野鴨精神的稱讚。他說，對於那些自己並不喜歡卻真正具有工作能力的員工，自己會毫不猶豫的提拔他們。即使這些人有強烈個性，不拘小節，甚至有些難以管理。同時，他也告誡自己的下屬，如果在周圍發現這樣的員工，就應該耐心的去聽取他們的意見，同時為他們開創空間。

這種對員工工作空間的擴大，給了 IBM 員工更多的工作動力，成為了整家企業發展的動力，如圖 7-1 所示。

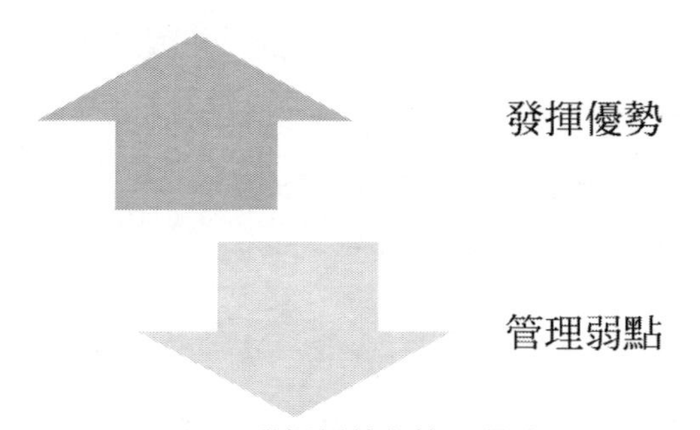

圖 7-1 發揮優勢與管理弱點

同樣，李嘉誠在自己的領導工作中，也留意給下屬相應的發揮優勢的空間。某次，李嘉誠外出，在路上接到了公司經理的電話，說有一筆關係到幾億元的生意需要他簽字。但李嘉誠說，自己不需要簽字，由經理做出決定。結果，這個經理不斷確認，最後才知道自己沒有聽錯。

事關幾億元，但李嘉誠還是願意將決定的權力給予員工，這不僅是他需要員工的才能，更是想要給予員工發揮才能的空間。因為他深知，員工的實力需要空間來發揮，而這種空間並非領導者想給就可以給、想收回就可以收回的。

只要員工有那樣的能力，空間隨時都應該為他們準備好。

領導者要想讓下屬有真正發揮才能的動力，就要先為他們安排合適的職位，結合他們的能力，為他們準備好表現自我的舞臺和展示自我的空間。有人說，是金子必然會發光。但在企業中，有著不同類型的人才，並非只是「金子」那麼統一的衡量標準。領導者要做的是利用自己敏銳的眼光，發現並衡量出他們不同的才能特點，按照各自能力的不同之處，分別配屬在不同的職位上。這樣，職位就不僅僅是員工工作的地方，更是自我表現的機會、展示自我價值的長期平臺。面對這種符合他們意願和價值的機會與平臺，員工不可能不珍惜，也就不可能不主動發揚優勢、克服缺點。

當然，在為員工創造空間和平臺的同時，領導者也應該積極的看到不同員工的缺點，並加以管理、約束和控制。在對組織的管理過程中，領導者們一旦發現優秀人才，當然會器重不已、特別偏愛，這也是領導者的工作樂趣之一。但是，值得注意的是，在為優秀員工打造出平臺和空間的時候，一定要掌握好其中的重點，不能因為某一方面的偏愛導致忽視對其缺點的管理。

著名的杜邦公司，原本採用的是家族傳統的個人管理制度，以及在這樣的基礎上形成的合夥制度。當尤金·杜邦（Eugene du Pont）成為了該公司的總裁之後，在管理過程中，逐漸發現了其領導制度中的最大弊病——即管理者會在日常的領導工作中過多的為他喜愛的員工開拓空間，這導致對另一些員工造成了打擊，影響了他們的積極性。這樣，就會造成對企業長遠發展不利的影響。

正是為了讓領導者能夠在為員工開拓鍛鍊空間的同時，也能對他們的缺點加以管理，杜邦公司成立了杜邦公司執行委員會，強調集團領導。在這樣的管理中，杜邦公司的管理權得到高度分散，並輪流對管理人員進行調換。

透過這樣的措施，杜邦公司的領導者不會過於偏愛某些員工，並能最大限度的讓員工的缺點得到改變。相反，杜邦公司的領導者如果對某個員工較為看重，就會將自己認為重要的工作交給他們完成，當他們完成之後，會給予適當獎勵。這樣，員工就有了自己適當的發揮空間。但是，在其他方面，領導者則會保持應有的公平性，以便讓其他員工感受到公平的集體氛圍。只有這樣，領導者才能讓全體員工服從，並得到他們的敬畏和尊重。

和上述情況相反的，是對員工缺點過於忌憚。員工難免會在成長的過程中遇到挫折或失敗，領導者應當了解到，這些都是工作過程中的正常現象。領導者不能因為員工在工作中表現出缺點，就將他們全盤否定。反之，當員工遇到失敗之後，很容易產生沮喪感，這時候，他們更需要領導者的鼓勵和肯定。如果領導者能夠在這時對他們給出信任姿態，往往能夠讓他們更為感動，並將沮喪感變成戰勝困難的積極願望，激發出工作的潛能，並更加願意努力工作。

在管理好員工的弱點的基礎上，領導者還應該透過下面的方法來為他們發揮優勢創造空間。

應該和員工達成共識。擬訂能夠讓員工充分發揮才能的工作項目，並確保這些項目還可以對企業的整體發展產生應有的積極作用。

當員工開始投入工作的時候，先對他們進行積極指導，防止他們在工作起步階段選擇錯誤的方向。當他們深入工作的時候，為員工提供必要的平臺、資源和支持。當員工即將完成工作的時候，提前就能夠實現的目標達成共識。

除此以外，領導者還應該為員工從規章制度方面開闢出自由發揮才能的空間，允許和鼓勵他們能夠用自己喜愛的工作方式實現預期的工作目標。當員工完成工作目標之後，首先應該真誠祝賀他們的成功，並與他們共同回顧和討論其整個工作的過程，觀察其中進展順利的方面，並尋找有哪些弱點需要進行改進。然後和員工討論，應該圍繞什麼樣的目標進行下一步的發展。

員工的潛力並不會毫無緣由的釋放，而領導者也不能只是將開發潛力的希望寄託在員工自身覺悟中。領導者有必要行動起來，在實際工作中積極支持並認可員工，員工就能夠主動採取行動，在為他們打造的平臺上積極工作，帶來蒸蒸日上的業績。

滿足需求，為自己奮鬥

在組織的領導中，最佳的人力資源啟用方式就是做到人和職位的適配。然而，在實際操作中，領導者並不容易輕鬆的做到這一點。這是因為，企業中的職位種類是相當繁多的，並且在不斷發展和變化，很難確定不同的職業所需要的員工個人特點。其次，員工個人的特點也相當複雜，同時也在進行著不斷的變化發展。而除此之外，影響員工潛能發揮的因素也相當複雜，除了主觀原因之外，還受到社會需求、社會心理、傳統觀念、現實需求等諸多方面的影響。

許多具有較高競爭性的企業成功的克服了上述弊端，並找到相應的辦法來對員工的潛能進行激發。一些企業領導者就相當精於此道，充分運用了馬斯洛需求體系，找到了讓員工們主動進行潛能開發的最佳管道。

馬斯洛的需求層次理論將人的需求分為五層，分別是生理需求、安全需求、社會需求、尊重需求和自我實現的需求。領導者根據馬斯洛的理論，在企業中結合實際情況，建立了一套體系來讓員工之間進行能力的分享和財富的分享。

能力的分享，主要透過遴選、培訓、考核、職業生涯規畫和輔導計畫等不同的人力資源管理辦法，幫助員工對個人能力進行提高。而財富的分享，則包括企業的薪資、獎金、股份和福利等不同的報酬方式進行。這兩套辦法都圍繞同一個目標，即讓所有員工感到自己是公司的股東，同時也是整個企業的投資人，能夠一道見證企業的成長和發展。

在遴選員工時，企業選擇的是在價值觀上對企業有認同感的人。進入企業之後，會對新員工進行一個月專門培訓。從培訓的第一天開始，就注重對共同價值觀和團隊精神的培訓。透過這樣的培訓，領導者告訴所有信賴的員工，所有人都是平凡的，而企業需要的則是讓平凡的人做出不平凡的事情。在這樣的培訓過程中，企業採取了智慧管理的方法，將企業領導者看做老師，能夠不斷的激發人們的潛能，透過誨人不倦的溝通過程，不斷充實自己，同時帶動員工的工作熱情。透過這樣的領導方法，員工感覺到自己多層次的需求都獲得了滿足，並且是透過自己和他人能力的分享而滿足的，並非只是為了自己或者老闆才去工作。正因如此，這樣的企業能夠成為一個群體的公司，而其中任何一個工作項目或者業務，都是領導者利用團隊發揮作用、激發了員工們在社會需求、尊重需求和自我實現需求基礎上的潛力才實現的。

即使有這樣的開發方式，企業還是同樣重視員工的生理需求和安全需求。這是因為充分帶動員工積極性，並不能只是滿足他們那些較高層次的需求，還應該有更加實際的方式和方法。其領導者認為，公司想要發展，就應該為了員工發展、依靠員工發展，而發展的成功果實也應該由員工共享。在這方面，一些領導者採取了財散人聚的態度。當公司上市之後，作為創始人的領導者自己只是持有上市公司 7%的股權，與此同時，整個企業由 67%的員工持有不同的股權，隨之，整個公司出現了十幾個億萬富翁、幾百個千萬富翁和上千個百萬富翁。這樣的現實，無疑是對員工物質利益的滿足，對他們生理和安全需求的滿足。這樣的領導者所創造的造富神話，吸引了世界上無數的人才，也有助於這些員工在企業的健康運作中發揮更多潛力。

總之，這兩套分享理論，透過對馬斯洛理論的運用，全面的帶動了員工積極性，並充分發揮了他們的潛能，為員工實現夢想開闢了途徑，也為組織提升業績帶來了成功。

想要科學有效的激發員工的潛能，必須要有相應的激勵機制，這樣才能透過滿足員工的不同需求，從而充分帶動他們的工作積極性和創造性，並最終達到對員工工作潛能加以激發的目的，實現組織預先制定的策略目標。建立科學有效的激勵機制，應當遵照如下原則，即以公正公平的分配制度、行為作為核心，以較低的成本建立起有效的管理制度，從而做到讓領導者充分開發調動員工的能力。

針對絕大多數企業而言，對員工潛力的開發，應當從物質和精神兩個方面進行。

根據馬斯洛的需求層次理論，生理需求是人類的第一需求，是員工進入企業從事社會活動的基本動力。因此，物質方面的激勵，是對員工潛能開發的基礎，是對員工基本需求加以調動的重要方法，也是領導者使用最為普遍的激勵措施，並能形成迅速提振士氣的效果。

物質激勵，通常表現為薪資、獎金、津貼、福利和不同的保險福利等。除此之外，領導者還可以對那些表現優秀的員工給出旅遊休假、培訓獎勵、貸款獎勵等更多種類、更大吸引力的物質激勵方法，這樣就能促使員工產生更高的進取動力。

在這個過程中，領導者應該尤其注意下面兩點：首先，健全對績效考核和薪酬分配制度。具體而言，物質激勵應該和員工的工作績效指標緊密相連，那些績效指標突出的員工，必須獲得比他人更高的報酬，這樣才能讓員工有持續開發潛力的願望，同時也能讓其他員工產生投入工作的願望，而不會形成平均主義等不良工作氣氛。其次，建立科學全面的企業管理制度，讓物質激勵不僅產生正面鼓勵的作用，也要適當和懲罰進行結合，做到獎罰分明。按照馬斯洛需求層次理論，物質方面的刺激並非只是在獎勵上發揮作用，同時也包括負激勵。如果負激勵運用得當，同樣能夠產生讓員工更加積極的效果。負激勵意味著對於違反了企業相關管理制度的行為，應該及時進行懲罰和處理，從而幫助員工了解到，工作並非只是為了企業，同樣也是為了自身的物質需求。

同樣，僅有物質激勵，不能保證員工充分開發自己的潛能。考慮到越來越多的企業需要面對更加複雜的競爭形勢，領導者還要和企業文化相互結合來實現精神上的激勵。

精神需求是員工相對於物質需求而言更高層次的需求，包括馬斯洛需求中的後三項：社會需求、尊重需求和自我實現需求。隨著社會進步經濟發展，人們的物質生活極大豐富，因此不滿足於這方面的需求，而更高追求精神上的滿足，並希望從中獲得成就感、認同感、責任感等等更好的自我滿足感。

利用精神需求，可以用下面的方法去開發員工的潛能。

價值激勵，讓企業的核心價值觀能夠始終圍繞企業經營管理的不同環節進行，並發揮對員工激勵的重要作用。在這樣的基礎上，領導者應該持續強調價值、堅持價值，最大限度的帶動員工的熱情和積極性。

尊重激勵，透過表現出對員工的尊重，加速員工自信力的爆發。讓每位員工都感受到信任和尊重，從而讓他們意識到，自己是企業中最重要的成員之一，為企業工作和為自己工作是相同的。這樣，就能夠提升員工之間的團結合作，並幫助企業團隊獲得更好的凝聚力。

目標激勵，透過樹立高目標，激發員工的自我實現需求，從而讓目標成為企業文化的一部分。高目標能夠展示出奮發向上的動力，從而挖掘員工潛能並加以釋放。當目標對員工自我實現的需求越來越迫切時，員工就會對企業的發展產生充分熱切的關注，對自己的工作具有相應的責任感，並能夠自覺做好工作，這樣，對他們所進行的開發才能到位。

培訓激勵同樣也是對員工較高需求的滿足。既能讓員工感受到企業的重視和尊重，也能讓員工發現滿足更高需求的路徑。因此，對於那些具有一定進取心、相對較高的業績和一定發展前途的員工，企業應當給予其培訓獎勵，從而提高其工作效率和自身創造力。

為了打造出高能力的組織，採取物質和精神兩方面的激勵，是領導者對下屬潛能最有效的開發方式。將兩者結合起來，運用在組織團隊的管理工作中，才能建設企業並努力獲得更高的績效水準。

存在於腦海的未來藍圖，要看到未來

開發員工的能力，意味著了解員工。今天，更多員工意識到，如果個人的能力不發展、職位不提高，就有很大可能失業，甚至被社會所淘汰。這就要求領導者在開發員工才能的過程中，幫助員工看到明晰的未來藍圖，幫助他們找到未來的定位。這樣，員工工作起來，才有動力和目標，才能讓他們發揮最大的努力施展自身的能力，讓企業和自己的價值在這樣的過程中都得到提升。

對於企業而言，當領導者讓員工看到未來的廣闊發展空間後，一方面，可以開發他們的積極性和熱情，增加他們學習的動力，提升他們的工作能力和水準，促使員工為企業創造更多財富。另一面，透過這樣的方法，可以發現企業更多所需要的優秀人才，並將他們留在企業內。反之，如果看不到發展前景、未來希望，員工就會因此而失去工作熱情，甚至變得茫然，或者去另覓未來，導致企業的人才流失。

少量的人才流失，似乎不會對企業的短期利益造成重大影響。但人才如果因為沒有發展、升職的空間而流失，會對企業的長遠造成消極影響並間接損失成本——一部分員工的流失，會對其他員工的情緒和態度帶來消極的影響。

例如，這些員工流失會讓其他員工看到其他更加明確的未來，尤其是在職員工看到那些離開企業的員工獲得了更好的收益、更好的發展機遇之後，即使是原本打算安心工作的員工也會因此而動心，自身的工作積極性受到影響，並去準備開始尋找新的工作。

然而，不少企業領導者由於種種主客觀原因，並沒有做到對員工的未來空間給予充分明確的呈現，影響了公司整體能力發揮。例如，曾經在美國軟體業界被稱為「電腦大王」、全美第五大富豪並榮獲美國總統自由獎章的王安，創立了王安電腦公司，並獲得了良好的市場評價。但是，出於傳統文化的影響，加上對長子盲目寄予厚望，結果在公司中反對聲四起的情況下，強行任命長子王菲德擔任公司總裁。這一舉動讓眾多員工感到前途渺茫、毫無希望，從董事到銷售經理都選擇了離開，甚至最終發生了公司股東聯名控告王氏父子的事情。最終，王安撤換了王菲德，但整家公司已經積重難返，最終倒閉。

相反，無論是沃爾瑪還是麥當勞，這些企業的領導者為了確保員工看到未來的空間，積極提供讓他們能夠脫穎而出的機會。企業對人力資源管理政策進行積極調整，不僅要留住員工，還要培養員工，透過給予空間來穩定人才。

下面是更多優秀企業為員工明確展現未來空間的方法，如圖 7-2 所示。

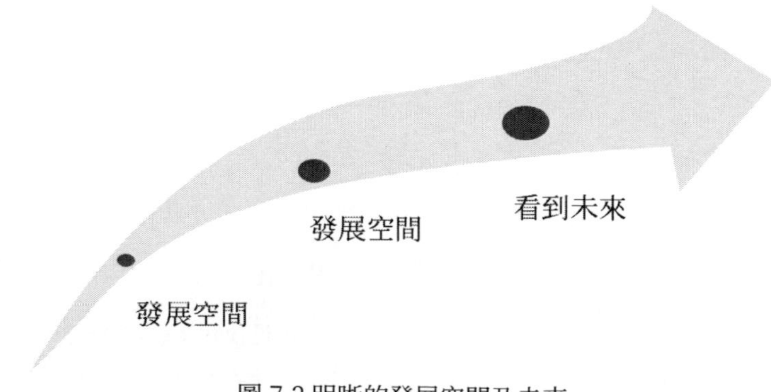

圖 7-2 明晰的發展空間及未來

方法一：部門間吸收人才

在企業內部的部門之間吸收提拔員工，能夠讓員工們看到自己為企業勤奮工作的美好前途，能夠使他們對企業更加忠誠，並積極發揮聰明才智去創造更多的工作價值。

許多企業習慣於去企業外招攬人才，但領導者應該意識到，人才很有可能就在你領導的團隊中。而盲目去企業外招攬人才會導致團隊中員工不斷看到「空降」的主管，變得士氣低落。因此，企業內部的選拔任用是相當重要的，當領導者改變了人才管理的意識之後，才會不斷發掘出人才，而經過培養的人才會成為伯樂，去挖掘更多企業內部的人才。

台塑的創始人王永慶就很推崇內部選拔員工升職的方法。每當台塑缺少重要職位時，並不是馬上開始對外徵求，而是先去調查企業內部其他部門，尋找其中是否有合適的員工能夠調任。如果發現了這樣的人才，就在部門之間填寫「調任單」，透過兩個部門之間相互協調就能完成選拔。

台塑人事高階專員曾經這樣評價部門之間員工的相互調任：一方面，這樣改變了員工閒置卻又人力不足的弊端，另一方面，員工也能更快的熟悉環境。更重要的是，當員工了解這樣的制度之後，就能知道自己一旦不適合現有工作或者對現有職位有所倦怠之後，能夠有怎樣的變動機會，能夠如何發揮自己變化的能力。員工因為對未來不確定而造成的茫然感，也就在這樣的過程中被消除了。

方法二：企業內部徵才

我經常建議領導者在企業內部出現職位空缺時，可以考慮及時進行企業或者組織內部的徵才，從而挑選出那些能夠接近職位要求的員工進行補充。

在西方企業中，這種補充方式在企業內已經公開化，管理團隊會公布工作的空缺，並允許員工進行應徵，其應用的範圍也越來越大。因此，企業內部徵才是刺激員工去看清楚自己未來發展的良好方法。

其中最典型的是柯達公司發明的「內部提拔法」。這種方法透過下面的過程實施：當企業有職位空缺之後，人力資源部門首先會將這樣的空缺在企業內部網路或電子布告欄中公布，確保企業中內部員工能夠在最快時間知道，員工再根據個人的職業興趣和條件進行不同的選擇，並確定報名。

即使是那些普通員工，他們每年也都會有機會和自己的上司進行談話，由上司和員工共同討論制定短期和長期的職業發展規畫。這樣，每個部門的領導者都會熟悉其領導下不同下屬的職業發展規畫。而公司高層則透過對他們的熟悉，掌握更多人的發展規畫。當企業有職位空缺之後，主管也可以直接向那些部門發出推薦。

這樣，企業內部的徵才就有了兩條管道：自己提出申請參加應徵，以及出現職位空缺的部門對員工進行定向徵才。

方法三：直接進行晉升

晉升，是將員工職務進行適當升遷，同時，給予他們相應的權力和責任。可以說，這種方式是對員工潛力開發方法中最重要的一種，也是最容易見效的一種。從員工的個人角度而言，他們能夠透過晉升看到更多機會和前景，更加明白自己在組織中的重要性。而從企業的整體發展來說，能夠讓人力資源進一步整合，保持企業不斷發展。

當一個表現優秀並不斷為企業做出貢獻的員工能夠獲得賞識、認可，並進而獲得晉升機會之後，他們就會感覺自己受到了領導者的重視，自己做的工作具備應有的價值，產生充分的自豪感和成就感，並投入更多精力去工作。

在麥當勞工作，年輕員工們之所以充滿積極性，是因為他們能看到自己不斷晉升的機會。當他們進入麥當勞 8 ～ 14 個月之後，就有機會成為經理的一級助理，而如果繼續努力，表現優異，就有可能直接晉升為經理。

為了讓員工能夠獲得充分的晉升，麥當勞的領導者還預先在企業中設立了機制。他們要求管理者必須要預先培養好其職位接班人，這樣，管理者自己才有可能獲得晉升。透過這樣的制度，保證了麥當勞會有源源不斷的人員進入晉升序列，避免因為出現晉升斷流而導致員工看不到希望和未來。

沒有什麼比起未來的發展空間更讓員工期待了，而這樣的期待越是明確，就越讓員工感覺心安。所以，領導者想要讓員工將企業的事情當做他們自己的事情，就應該將看得見、摸得著的規畫圖展示給員工，並以此來推動他們努力向前。

有競爭才有前進

幾乎所有的領導者都願意身處於那種有著良好競爭意識的公司中。在這樣的公司中，團隊領導者不斷強化自己的下屬凝聚力，使得成員既懂得分工合作的重要性，又明白競爭能夠讓自己獲得更多學習成長的機會、發揮出更多的潛能。

的確，無論對於個人還是企業而言，有競爭才有前進。但並不是每一家企業都能夠輕而易舉的打造這樣的競爭環境。

員工都是有惰性的，如果員工們長期處在一個看起來安定平靜的環境中，不需要解決什麼困難和問題，就會失去工作活力，並產生倦怠的心理。目前，在不少企業中，員工的潛力之所以無從發揮，就是因為他們缺乏合理競爭的結果。

因此，作為領導者，應該想方設法將對企業的管理實際和競爭機制充分結合，保證越來越多的員工被競爭氣氛所感染，勇於向前、不甘落後。競爭環境不僅能夠刺激員工不斷發揮力量前進，保持高昂士氣，更能夠讓員工增加和發揮出更多的創造力。

在美國矽谷這樣的高科技企業匯聚之處，奉行著贏家為王的競爭意識。無論是企業的管理者還是基層員工，都相信業績的高低不是「吹」出來或者是「等」出來，而是比出來的。如果沒有競爭的壓力存在，就難以出現一流的成果。因此，作為企業管理者，非常注重持續性的培養員工的競爭觀念，他們積極培養員工的競爭意識和能力，引導員工積極認可競爭。而矽谷每家企業的絕大多數員工都相信，自己和企業所獲得過的已有輝煌，也都只是暫時的，如果有所懈怠，在競爭中失利，那麼，個人和企業原有的競爭實力就會喪失殆盡。透過這樣的競爭環境鍛鍊，員工意識到了競爭的重要性，而矽谷中的企業雖然起起伏伏，但這批員工卻始終在不斷進取和創新，為不斷產生新的成功奠定了基礎。

競爭是大自然中不同物種都要遵循的生存法則，也是現代企業中用以開發員工工作能力和提振士氣的重要保障，是企業不斷成功的必要環境。事實顯示，即使那些看起來比較容易管理的團隊，有著工作熱情充沛的員工，當他們的領導者缺乏營造競爭環境的能力時，照樣會導致人心渙散。

企業領導者應該看到，每個人都有著自尊心和自信心，其潛在的欲望都含有希望自身比他人更優越的成分。這種自我優越的追求，應該得到良好的引導，由領導者來為他們找到競爭的對手，並激發他們的好勝心，使得他們能夠快樂而積極的工作下去。

用來描述這種效應的原理是著名的「鯰魚效應」。剛剛捕獲上岸的沙丁魚並不習慣運動，因此，很快就會大批死去。為此，漁夫會向裝滿沙丁魚的魚艙中放進一條鯰魚，由於鯰魚是沙丁魚的天敵，加之來到陌生環境中會不斷獵殺沙丁魚，這就讓沙丁魚感受到競爭壓力，並加速游動，因此而能保持較長的活力。

作為企業領導者，想要激發員工工作熱情，就應該充分引入鯰魚，不斷為企業補充新鮮的血液，將那些富有朝氣並具有敏銳思維的員工，引入到員工團隊中，從而為那些已經習慣於因循守舊的員工帶來競爭壓力，喚起他們的危機意識和求勝之心。

有競爭，才會有動力。當員工能夠看到那些別人擁有而自己沒有的特質時，就會從羨慕他人的長處開始對自己進行鞭策，讓自己在工作中更加努力，不斷的進行充實和提升，使得自己能夠在能力和技術上達到更高的標準。

在日本松下公司，每個季度都會召開一次由不同部門經理參加的討論會議，公布各自經營的成果。在會議召開之前，會先將所有部門完成任務的情況從高到低按照 ABCD 四個等級來進行劃分。劃分明確之後，會有 A 級部門的經理首先進行報告，然後分別是 B、C、D 三級部門的經理。這樣的制度安排充分激發了不同部門的競爭意識，由於誰也不願意落在最後，所以經理們會在召開會議之前就積極工作，爭取獲得較好的名次。

領導者要善於運用內部競爭，打造競爭環境，激發員工熱情，提高工作效率。員工們之間競爭的形式是多種多樣的。例如，進行種種競賽如銷售、服務或者技術競賽等；在企業內部進行招投標；進行職位競聘；選擇不同小組的員工去研究相同的課題；對不同的解決方式進行比較等。另外，還有一些較為隱性的競爭，例如，定期對員工工作業績進行公布，定期進行評選等。整體上看，企業領導者可以根據企業的實際情況，不斷推出新的方法來打造競爭環境。

總之，在一家想要長期擁有活力的企業中，應該隨時隨地都有競爭的空間，沒有競爭空間和氛圍，就意味著沒有發展。而如何有效的運用競爭氛圍來激勵員工，也是領導者對企業管理的關鍵所在。這要求領導者能夠在平時的工作中，不斷為組織成員營造一個容易進入競爭狀態的環境。可以透過下面幾點來塑造這樣的環境。

實施科學的績效評估機制

企業應該建立科學的績效評估機制，從實際出發去評價員工業績，而並非根據某一個領導者個人的喜好來評定。需要對員工進行評價時，具體運用盡可能量化的客觀標準而非主觀標準來進行。

建立部門之間的溝通體系

成功的溝通是將競爭環境中的激勵因素充分開發的基礎。在部門之間和員工之間，應該進行積極的溝通，有效的化解其中有可能產生的衝突和矛盾。這樣就能夠做到讓員工的士氣得到提振，在競爭中做到團結一心、步調一致，有效的達成共同的目標。

因此，在部門之間和員工之間，必須建立切實可行的溝通體制，這是相當重要的，是伴隨競爭環境的建立形成對員工潛能開發的不可或缺的因素。

懲罰不利於有效競爭的人或事

對於那些為了私自利益，而影響或者破壞其他部門利益、破壞組織秩序的員工，以及相應的惡意競爭事件，領導者應該做到毫不姑息、加以懲罰。這是因為這類行為很容易被模仿，一旦沒有得到應有的懲罰，就會形成模仿趨勢，而導致企業內公平競爭的環境遭到嚴重破壞。

作為組織的領導者，在營造競爭環境的同時，一定要充分注意員工的心理變化。在企業內部採取措施，積極營造良性競爭環境，防止惡性環境的可能，積極引導員工參與。管理者必須要從制度上和實踐上同時著手，遏制員工惡性競爭，積極引導員工的良性競爭。

當然，在大多數員工看來，很可能競爭本身就是優勝劣汰的，並不應該強調太多的公平。但作為領導者，猶如主導監督比賽的裁判，任何一點點不公平都會導致競爭環境的整體被破壞，從而失去意義。因此，領導者在進行競爭氛圍的建立時，有必要將競爭要素建立在公平基礎上，而領導者也只有用這種公平的競爭，才能開發員工個人和群體的工作積極性。

當然，在追求建立公平合理的內部競爭環境時，領導者也不能將其中所謂的公平因素加以絕對化。應該知道，任何企業的員工能力都不是平均一致的，如果領導者在制定競爭目標時一味的看重公平，將衡量標準設定得完全相同，就會導致不分新舊員工、優秀員工、普通員工，全部都放在同一條標準線上，而無法對員工的潛能產生應有的發揮作用。這就要求領導者對企業內部的競爭內容和形式進行不斷改革，從中去除那些可能導致過度對抗、過多衝突、直接影響企業整體利益的競爭項目和形式，並淡化員工之間的對立情緒，轉移他們過多看重競爭結果的情緒，而讓競爭環境得以為企業整體所用。

價值留人

市場經濟越成熟，競爭就會越加激烈，而當競爭越加激烈的時候，人才就越稀缺。因此，企業競爭的重要因素，已經從掌握多少物質資源，轉變到掌握多少人力資源、開發多少人力資源上。在高技術含量的企業、創意服務企業中，這樣的特點尤其突出。這說明，企業的商業推動力量，越來越依賴於企業領導者如何去利用那些高品質的人才，而高品質的人才對於企業的貢獻，也讓領導者們心動不已。如何才能吸引那些優質的人才？如何又能保證發揮他們最大的靈活性？

答案聽起來並不深奧：用價值留住員工、引導員工並開發員工。

領導者應該讓員工發現，他們對於企業而言有著重要的價值，要幫助他們在企業內找到積極的存在感，感受到濃厚的價值感。這樣，員工才會更加盡心盡力的為企業工作。

我曾經不留情面的指出一些領導者對員工價值的忽視，因為這些領導者總是喜歡向下屬有意無意的透露這樣的話：企業不會因為少了某一個員工而停止運轉。的確，領導者說的話並非不是事實，但這樣的觀點顯然也會讓下屬這樣看待他們自己：我對於企業而言並不重要，企業對於我也並不看重。

由於這樣的心理作祟，不少領導者所抱怨的員工不願意最大程度付出，也就有了解釋的原因。越來越多的年輕員工，在開始工作之前，都會比他們的父輩有更多的步驟——他們會先將工作在自己的價值觀體系中進行衡量，當他們確認這些工作是有價值的，才會繼續做下去。否則，如果認定工作或工作中的自己沒有價值，難以滿足內心需求，就會感覺缺乏熱情。

員工感覺不到自身價值的原因有很多。例如，工作困難、缺乏職業安全感、缺乏晉升機會、工作沒有樂趣、工作環境嚴酷等，透過正確的方法，領導者才能讓員工分享到自身的價值和企業的價值，進一步讓員工感到在工作中發揮自身價值是有意義的，並開發他們的潛能。

建立企業目標展現員工價值

優秀的企業都有著各自不同的目標。也許是成為本國房地產業的領頭者，也許是打造高科技、重服務和國際化的企業……可以說，沒有目標，企業的價值就無從表現，企業的凝聚力就無從實現。

然而，目標能夠用於員工價值，其前提在於企業的目標能夠充分表現出員工的個人價值，能夠幫助他們實現自我價值的超越，能夠深入員工的想法和願望中。當企業的目標和員工價值觀相一致的時候，員工才會努力發揮潛力。因為此時，他們不僅是在為企業工作，同時也是在為實現個人價值而工作。

展現企業的價值

企業本身是具有價值的，這種價值並非表現在利潤的累積和對股東的報酬上。企業價值表現在能夠透過其經濟和文化的行為，創造出有價值的客戶和有價值的員工。這意味著，企業領導者會去積極開發客戶的價值，同時也開發員工的價值。這樣，企業的價值就透過客戶價值和員工價值合一而形成。忽視了其中一點，企業就不可能具有全面的價值。

對於員工而言，企業作為組織之所以有價值，正是因為企業重視員工的價值。如果其中大多數員工因為企業存在而感到生活有希望、工作有改變、情感有寄託，那麼，企業領導者的工作就是成功的，就能夠利用價值來留住人才。

不妨來看看宗教組織，宗教組織之所以能夠成為人類歷史上最長壽命的組織，在於透過給予人們希望、宗旨和使命，從而帶動他們的價值，發揮他們的潛力。企業雖然是經濟組織，但同樣也應該向員工展現希望，才能用價值留住員工的心。

在企業中，大多數員工都是直接依賴企業而生存的。因此，企業對於員工而言最基礎的價值是其提供的物質滿足。所以，只有能夠將工作和員工物質利益結合的企業領導者，才能最大限度的開發員工團隊的能力，並讓員工成為企業生命中最重要的元素。相反，企業領導者不應該將員工的工作描繪成一種責任和奉獻，因為員工首先是為了獲得自己生活的價值而加入組織的，這種價值究竟應該有多大、如何實現以及相關的能力開發和使用，都是企業領導者應該考慮的重要內容。

其次，好的企業之所以能夠做到用價值留人，還因為它們具有幫助員工樹立事業心的價值。當企業建立起了讓員工獲得事業心的環境之後，員工就會感到，自己不再只是去賺取薪資的人，還是企業發展的共同助手。這樣，他們才會將企業利益、股東利益和客戶利益都看做自己努力的動力，並透過積極參與培訓、工作和升職努力，將之內化成為發展個人能力的充分動力。

最後，領導者對於員工的接受、尊重、理解和關愛，以及隨之一系列對員工在精神層面的照顧，都是為了讓員工保持充分快樂的心靈，並在工作中發現他們的價值。當領導者尊重了員工的感情需求之後，領導者自己才能受到尊重，並因此讓組織成為員工心目中理想的平臺。

在參與中展現員工價值

心理學中有這樣的參與定律：每個人都會支持自己曾經參與創造的事

物。因為在參與中，他們充分展現了自己的能動性，並展現了自己的價值。同樣，想要讓員工團隊最大程度的投入工作，企業領導者要做的或許只是讓他們參與更多的創造，而非以工作分工的名義將他們排除在外。

摩托羅拉公司就讓許多領導者感受到了這家世界著名企業的領導風格。讓員工廣泛參與到創造中，是這家公司所展示出的價值留人的理念和技巧。這個理念和技巧在下面的小事中有所表現：例如，設立了意見箱和留言箱，這兩個箱子允許員工將自己在工作中所發現的問題、想到的建議迅速提交。為了便於員工提交，箱子被放在員工經常經過的位置，並採取讓員工方便拿取和填寫的固定表格形式進行。而為了讓員工能夠充分嚴肅的對待，要求表格後必須要填寫署名。

這兩個箱子會定時開箱，並將收集到的意見和建議直接交給不同部門，相應的部門主管需要及時對這樣的建議進行回應。回應會在公司的網站或者雜誌中刊出，產生及時回饋改進的作用，並確保工作能夠獲得監督。

顯然，員工不可能參與到摩托羅拉每個部門的創造工作中，但透過這樣的橋梁，他們可以加入自己所想關注的創造過程中，並獲得自己的價值感。可想而知，比起那些並不鼓勵員工主動創造的企業，在這裡，員工的價值更加獲得肯定，員工對企業的忠誠也大大提高了。

可以說，用盲目的高薪試圖留人、用金錢福利來激發員工的工作意願，只是簡單的貨幣層面的「價格留人」。而員工自我評定和感受到的價值是否統一，才是員工對企業領導者能力滿意度的綜合衡量方式。

透過提高領導者對員工的價值期望和價值感受，能夠留住那些優秀的員工，而這些優秀員工對於企業的忠誠，則又能夠對企業領導者能力的發揮帶來更多保障作用。因此，請領導者利用價值，贏得員工的才能和忠誠，並激發他們的士氣，從而爭取更多的客戶、更好的市場。

本章小結練習

1. 編寫表格，列出組織中重要人才的需求。
2. 為不同人才準備各自的「空間分析」報告，指出他們各自需要怎樣的價值空間。
3. 定時和不同員工個別交談，詢問他們對於自身職業的規畫。
4. 要求每個員工準備一份「弱點解決計畫」，並按照順序去克服弱點。

第 8 章

越障礙，落地執行

將企業做大，最重要的在於如何將領導力轉化成為執行力。領導力的充分發揮，意味著領導者能夠指明團隊發展的方向、指出具體的前進道路，能夠向員工展示目標並分配任務，將團隊運作組織得更好。而這一切如果沒有員工團隊對於領導者意圖的實現，不能去完成工作，就難以真正落地。因此，對於員工個人而言，執行力可能只是表現為辦事的能力，而對於整個組織而言，執行力就是將領導力放大之後的戰鬥力和營運力。為此，領導者必須要率領整個組織越過種種障礙，而並非只是高高在上發號施令。他們必須要做到充分研究組織的特性，去發現提升執行力的關鍵。

發號施令並不產生價值

發號施令是每個領導者在日常工作過程中都會面對的選擇，甚至是他們需要解決的主要事務。發號施令如同領導所使用的權杖，能夠展現出其應有的地位和權威，也如同指揮家手中的指揮棒，對下屬的行為做出指點和引導。透過有效的發號施令，能夠實現領導者的工作目標。

有理由相信，如果缺乏有效的命令，領導者或碌碌無為，或疲憊不堪，而無論其中何種情況都會導致領導力的下降。正因如此，在這種工作的背後，領導者更應該回答這樣的問題：「我的發號施令究竟是否產生價值？」

在許多領導者眼中，工作都應該透過下達命令來完成。但不能正確的發布命令卻經常是許多人領導力的薄弱環節，這種問題甚至影響了領導力的成長，導致了企業整體效率的下降。

就我個人而言，只要我剛剛到一個新的企業環境中，就會習慣性的去觀察那個每天在主管面前出現最多、接受命令最多的員工，並將他放在組織中最能幹的員工角色上進行觀察和測評。我這樣的工作邏輯並不難以解釋：主管喜歡將重要的事情用發布命令的方式交給自己最放心的下屬工作，這樣，事情完成效率高、自己獲得的業績也最高，而那個最好的員工也就因為接受命令最多而成為執行力最好的員工。

然而，這樣的邏輯背後出現了如此的漏洞：領導者並不太區分自己下發的命令和員工本身職責，而是憑藉主觀感覺來將工作下發給員工。那些沒有得到領導者關注的員工，則難以被領導者的命令給予工作的權力。正因如此，團隊或者組織中的員工工作任務分配不均衡的現象相當嚴重，造成了團隊內部的效率問題。

這說明，領導者的發號施令並非直接產生價值的方法，很有可能因為領導者錯誤的發布命令，而導致團隊內部的矛盾擴大、差距拉開，並進一步導致工作效率和業績的降低。

通常而言，下面三種錯誤是領導者在發布命令中常見的，並因此而造成了工作價值的降低。

首先，領導者沒有找對命令的對象。這種錯誤中通常有下面兩種情況：或者是因為將所有工作都交給少數令人「放心」的員工，在這種情況下，領導者不管工作性質和內容，經常跨越組織結構去發布命令；或者是發布命令的隨意性較強，經常隨意指揮下屬工作，導致工作命令發布對象錯誤。

其次，沒有正確設定好下達命令的內容。當領導者自身都沒有明白工作的內容之前，如果草率的對下屬進行命令，就會導致不僅自己、同時也包括員工不清楚工作的內容。在這種情況下，員工當然不清楚工作的具體目標和步驟劃分，失去了工作的動力和信心。

另一種可能是，領導者在發布命令的時候，言語表達並不清楚。這會導致員工不知道具體的工作方向。例如，工作資源在何處尋找、工作計畫如何設定、工作過程如何匯報等。這些問題沒有交代清楚，就會讓員工的士氣變得愈加低下，並最終只能用拖拉的作風來應對領導者的命令。

如上種種問題，需要領導者能夠掌握好發布命令的方法，注重其必要的技巧，從而逐漸掌握發號施令的藝術。任何一項命令想要下達完整，理論上都應該有六個要素。有人曾經將之總結為 5W1H，如圖 8-1 所示。

圖 8-1 領導者下達命令六要素

✓ Why：指一個命令的具體目的、用意、理由等，如「為了這個專案的速度……」、「為了更加鞏固和重要客戶的關係……」等。

✓ Who：即一個命令涉及的主要任務或者對象，如「全體員工需要認真……」、「部門員工應該按照計畫來……」等。

✓ When：針對一個命令的日期和時期，如「× 月 × 日上午開始……」、「下午三點鐘」等。

✓ What：指一個命令所涉及的工作內容、工作事項等，包括「將產品盡快推銷出去……」、「提高行銷的效果……」等。

✓ Where：包括一個命令中涉及的具體場所，如「地點在公司的三樓會議室」、「在廠房的一號工廠」等。

✓ How：即完成某個命令的方法和方式，包括「從頭到尾按照正常流程執行工作」、「分為不同的小組同時進行工作」等。

當然，在實際的領導工作中，並不一定需要將這些要素全部表達出來，而是要根據實際情況來確定命令中包含的因素。例如，當命令對象是工作能力較強的下屬時，有可能說出其中幾個要素就足夠了，如果交代得過於詳細，有可能讓員工產生誤解，認為領導者對其缺乏信任。而在面對工作經驗較少、工作時間較短的員工時，就應該多注意要素的陳述，從而避免差錯的出現。

值得強調的是，領導者下達命令時，還應該包括情感要素。忽略了一定的情感，命令產生的效果就有可能相對缺乏。

一家高科技儀器公司的董事長對其部門主管下達命令，交代清楚之後，他又補充說：「雖然這件事情對於你目前的能力來說，可能有點難度，但是我還是要特別請你投入其中，儘量做好，請你充分發揮好自己的溝通能力。至於其他你克服不了的困難，可以由我來解決。」

聽完這樣的命令，部門主管感到很有動力和信心，他全力以赴完成了這項工作，兩年之後，主管被提拔以後，董事長還是保持著原有的命令態度，在命令之後依然說一些充滿人情味的話語，並特別強調在其許可權範圍內的工作問題，不需要特別報告。

案例中的領導者，不僅在發布命令時能夠交代清楚那些要素，還能將「情感」作為更重要的因素放進命令中。自然，這樣的發號施令，才能將下屬的積極性予以充分帶動，使得別人願意去積極行動，並能夠真正投身其中。

命令即使完全正確下達也不一定就能夠產生價值。當下屬在接受了領導者的命令之後，也會在實際工作過程中按照自身利益來進行考量，對領導者的命令做出不同反應，這會直接影響到他們對命令的執行效率。為此，即使領導者工作繁忙，也需要堅持對下屬執行過程的監督。

希爾頓酒店是美國旅館業界的領軍企業，創始人希爾頓（Hilton）曾經下過命令，要求不同分店必須要將微笑作為一項服務制度，貫徹到實際工作中。為了讓這樣的命令得到真正落實，他不但從自身做起堅持該項制度，還積極的對命令的執行情況進行監督管理。

希爾頓經常到不同分店進行巡視，而問到最多的問題就是：「今天你對顧客微笑了嗎？」他用這句話來不斷檢查員工對命令的執行情況。即使在經濟最蕭條的時候，他也沒有忽視對命令執行的檢查。在希爾頓對命令執行情況不斷檢查的行動下，微笑理念貫徹到了整家企業中，絕大多數員工都能很好的執行命令，並為整個酒店樹立了良好形象。

這說明，想要保證命令順利產生價值，就必須讓命令得到認真貫徹。為此，領導者必須要及時的對員工的工作進行檢查。當員工能夠感受到領導者檢查帶來的壓力時，就能發現執行命令的重要性。當然，過度的監督執行過程，也可能會影響和壓制員工的主觀能動性。這就需要領導者隨時能到工作一線去適時觀察，提出問題，這樣的方法已經證明是有效的，而領導者也應該善於利用其來保證命令被認真貫徹。

領導者要讓自己檢查工作的行為常態化。每天都要對自身管轄員工工作的一部分進行檢查，但這種檢查應該有所變化，經常對檢查的時間和內容進行變更，保證涵蓋到更大範圍。

在對命令執行情況檢查之前，領導者還應該仔細對檢查重點進行思考，並進行有選擇的檢查。為此，領導者還應該多提出問題，去悉心聽取下屬的解答，了解他們是如何推進工作並服從命令的。在檢查過程中，領導者一旦發現曾經的命令不適合目前情況，就有必要重新檢查思考，對已經下達的命令進行修改，從而得到貫徹和執行。

領導者如果想要讓發號施令獲得良好效果、產生應有價值，就要懂得正確發布命令、推進命令執行，這樣，下屬才會在你的命令面前變得更加團結。

執行力提升的關鍵

策略可以模仿形成，產品可以學習製造，然而，組織的執行力無法複製。根據相關的調查顯示，任何一家世界500大企業，在技術、服務和執行三方面中，都至少擁有執行力方面的突出表現。可見，執行力是企業成功的重要關鍵。而領導力也需要憑藉執行力的提升，來打造相應的成果。

為此，領導者需要了解到組織執行力提升的關鍵影響因素包括下面三種：執行動力、執行能力和執行保障。

首先是執行動力。我經常碰到企業老闆對我感嘆，員工的執行力低下，導致企業缺乏真正的凝聚力。很多方針政策在高層眼中制定得相當有效，大會小會進行宣傳培訓，而到了中層主管那裡，似乎就顯然執行不力了，而中層主管的理由則是基層的落實太缺乏力量。在這樣層層責怪的同時，老闆們是否考慮到，企業執行力的提升，應該是員工透過提升執行力帶來的呢？

顯然，一家缺乏以執行動力提升為文化基礎的企業，是無法打造其卓越的整體執行力的。我曾經遇到過這樣一家企業。該企業創辦之初，由於老闆具有相當敏銳的市場預測眼光，在剛創辦時就獲得了不錯的業績，企業在產業內上升速度很快，而老闆自己也感覺良好。於是，在企業中，這位老闆總是教育員工「今天工作不努力，明天努力找工作」等，完全將員工看做企業賺錢的工具，只要員工提到應該進行一些激勵考核機制，老闆就或者顧左右而言他，或者乾脆以批評員工不找工作缺點只想多賺錢來反駁。不久之後，雖然企業業績還在成長，但企業的執行力已經開始下降，而重要員工流失率也開始增加，這進一步導致企業的新的方針政策沒有辦法落實。兩年後，這位老闆發現，原先在產業中依靠執行力領先的企業，現在已經顯著落後於新的競爭對手了。

這個案例說明，想要提高執行力，企業家必須要從提高員工的執行動力開始著手。當然，執行力提升的關鍵因素並非只有執行動力。如果僅僅有強勁的動力，卻不具備執行的實際能力，組織中就會出現大量「心有餘而力不足」的情況。對於不少企業來說，執行力提升的關鍵在於打造員工的能力。

在對企業的觀察和診斷中，我經常發現這樣的情況：一方面，企業強調要任用有能力的人，但另一方面，不少部門依然在使用著有關係、有門路的員工。一方面，企業高層強調要提升產品和服務的品質，但另一方面，卻覺得替員工進行培訓是浪費成本，甚至是為他人作嫁。這樣，就導致整個組織的人力資源素養始終處於較為低下的水準，難以有卓越的執行能力。

可以說，組織的優秀執行能力，必然來自於員工個體能力的優秀。員工個體能力包括情緒管理能力和實際工作技能兩種。其中任何一方面能力的偏廢，都會造成從個體到整體的執行能力下降。

對每家企業來說，要不斷將員工打造成為善於管理情緒、善於安排自己工作的卓越執行者。而實際情況是，許多企業大部分員工或者只是善於管理情緒，或者只會工作。面對這種情況，就需要採取兩種辦法分別對應：在面試員工時，企業應該掌握好徵才和用人的程序，讓原本就具有較好情緒管理能力和工作能力的人才進入企業。而在員工培訓過程中，企業應該同時加強員工職業技能和職業情緒的培養，這樣，就能讓企業擁有穩定而廣泛的執行力提升的基礎。

值得注意的是，在組織執行力提升過程中，整個組織的高層、中層和基層的職責應該區分清楚。但不少企業現狀則是，高層領導者並沒有認真做好自己在決策和規畫方面的工作，而是去做不少應該由中層和基層所執行的事情。這樣，企業失去了正確的內部結構定位，執行力的提高也成了奢望。為了解決這樣的問題，企業領導者應該從自身開始，對其他中高層管理者都進行相關管理能力的培訓，掌握必備的管理知識，防止出現「越位」的現象。

最後，擁有了執行動力和執行能力，還需要加上執行保障作為基礎。執行保障並非可有可無，而是實現執行力的必要因素，包括策略保障、流程保障和制度保障三者。

在策略保障層面，領導者應該觀察企業的策略規畫和企業的資源能力是否相互搭配。如果前者超越了後者，那麼將會嚴重阻礙企業執行力的發展。同樣，後者如果落後於前者，也會影響執行力的發展。同時，策略保障還能將企業的策略進行具體劃分，分解成為具體的執行目標，建構出企業不同團隊、不同人員的執行地圖，這樣的執行地圖是企業不同工作的總指導，是執行力提升的最大保障。

在流程保障層面，提升執行力的關鍵在於領導者對流程主動進行最佳化。透過業務流程最佳化，可以減少執行過程中的等待時間、消滅重複工作、協調工作量並進而提高增值活動效率。例如，透過加強面向流程的管理，縮短企業內部資訊溝通的時間，提高機體反應速度；強調執行過程中每個環節活動的增值效應，盡可能減少無效活動；要求流程之間的環節能夠儘量實現單點接觸，從而有利於流程暢通等。

為了加強流程保障的準確性和嚴格性，對於執行力提升的過程還應該進行制度保障。這就要求進行制度的建立健全，同時也要注意科學、合理、嚴格的執行。例如，曾經有不少企業試圖透過報表填寫來約束員工的執行行為，但是，過於繁瑣的填寫制度，反而增加了執行者的反抗心理。在這種情況下，就應該進行對制度的改進，使得企業的執行能力得到釋放。又如，在企業中，有些執行過程和內容得到很多部門和主管的關注，而有些事情則無人過問、負責，這種情況實際上表現出的是監督和考核的機制並不合理。對此，制度的保障也需要進一步加強，從而確保執行力的解放。

下面是領導者可以用來建構上述三大關鍵因素的方法。

方法一：集中而有力的領導

提升組織執行力的關鍵前提，離不開集中而有力的領導。正如古語所說，「獅子率領的綿羊，強於綿羊率領的獅子」，領導者自身執行力的強弱，能夠相當程度上決定組織執行力。因此，打造高效能執行的組織，必須要為組織中的團隊挑選高效能執行的領導者和管理者。對他們而言，執行力又不僅僅是某一方面的工作素養，而是多種素養的綜合表現，這種表現展現為領導者的綜合素養，並能夠融入在其工作中。

方法二：以結果為導向建構組織文化

正確的企業文化是提高組織執行力的土壤。應該承認，企業由不同部門和員工所組成，因此，不同的個體在思考和行動時，有可能表現出不同的導向特點。這就需要企業文化中包括必要的結果導向意識，要求員工多注意結果，而不要在過程中尋找藉口。這樣，才能讓員工對執行的過程更加重視，對執行的結果更加謹慎。

方法三：打造簡潔高效能的制度

採取怎樣的制度來約束流程，是組織執行力提高的保障因素。對執行力的管理，最終的結果就是讓組織的工作程序更加簡便高效能。因此，用來引導執行過程的制度，也應該著重在提高速度和效率上，並注意節約成本。

方法四：加強對專案的管理

如何運作專案，能夠決定組織執行力的提高或衰退。這是因為，組織中不同部門負責人是否能夠有充分大局觀、部門之間連結的鏈條是否緊密，都能夠透過專案管理的方式去影響執行力。

因此，領導者不妨以職位職責作為基礎，強調打破不同團隊、不同部門之間的界限，從而做到用共同專案的成功目標作為導向，以不同專業能力的整合作為方法，達到群策群力、執行力提升的目標。

總之，組織的執行力猶如一個完整木桶，木桶能夠裝多少水，並不決定於其中最長的那塊木板，而是決定於最短的那塊。領導者可以將不同影響執行力的因素看做木桶中的不同結構，並對之薄弱面分別進行補充強化。這樣，就能夠對執行力從基礎層面到上升層面進行整體的改進和提升。

在打造企業的高效能執行力的過程中，需要圍繞執行動力、執行能力和執行保障進行。只有抓住這三大關鍵要素，形成執行力提升模型，對執行力的提升才會扎實落地。

猶豫、恐懼、障礙與藉口

越來越多的領導者同意我的觀點：制定好一個策略，遠比執行好一個策略要容易。這是因為，制定策略的過程中，有可能透過學習外界先進的經驗或者邀請相關顧問專家參與來進行。而在企業執行過程中，則必須依靠企業自身的員工團隊，無法邀請其他團隊來代勞。這就需要領導者確保企業組織有強大的執行能力，並克服各種阻礙。顯然，僅僅有雷厲風行的領導者是遠遠不夠的，只有建立系統化的保障，克服影響執行力提高的團隊短板，才是昇華組織執行力的長遠之計。

針對下面這四個阻礙，領導者應該選擇不同的方法，克服自身和員工身上的問題。

阻礙一：猶豫

從領導者角度來看，在決策過程中，不應該過於猶豫和拖延，而是應該果斷決策、當斷則斷。否則，很難想像一個猶豫不決的領導者，能夠帶出一個高效能、積極的團隊。

避免猶豫成為執行力的阻礙，領導者應該克服自身的猶豫問題，即領導者不能要求任何人、任何事情（包括領導者自己工作在內）都必須有百分之百正確的把握再去做。實際上，任何企業組織中也不會有任何人永遠正確。如果因為害怕錯誤就變得猶豫不前，則很可能將事情弄得更糟。

要知道，領導者讓團隊信賴本來就並不容易，而將團隊帶領走出猶豫的不佳狀態，則更不容易。很多領導者在決策時能夠理性、全面、客觀和科學，但在執行開始之際，則變得猶豫起來。其實，不論大小組織，其成員都不希望看到領導者猶豫不決的態度，而是希望領導者能夠充滿信心，態度堅決。

對組織成員猶豫態度的克服，正是領導者發揮個人能力和魅力「征服」追隨者的過程。領導者需要經過自己的深入調查研究、深思熟慮，然後迅速果斷的做出決策。當決策做出後，應該成為組織整體無條件執行的內容，並在執行過程中進行理解。為了獲取這樣的效果，領導者必須要做到堅決、強硬甚至是某種意義上的獨裁，而不能表現出輕易就改變動搖的性格特點。這是因為，在企業從決策到執行的過程中，很多因素不能被企業中某些人甚至是大部分人理解，這並沒有什麼不正常 —— 當某種策略能夠被大部分員工理解而不猶豫的時候，市場機會也早就過去了。

為此，企業領導者必須要確保員工了解自己的決策，但對於他們不能理解的部分，領導者應該透過日常的培訓、訓練和指導，讓他們形成信任和支持領導者的經驗乃至習慣。擁有在關鍵時期不會猶豫而能追隨自己的團隊組織，領導者才能透過洗禮成為合格的領袖。

阻礙二：恐懼

在執行過程中，領導者有充分的信心，但執行層中卻處處表現出恐懼。其中，害怕挑戰、害怕溝通、害怕失去既得利益等情緒，都可以歸結為害怕失敗，並有可能成為執行過程的阻礙。

之所以害怕，是因為許多人在學習、工作的成長過程中，曾經遭遇過各種挫敗。而由於事後沒有做好心理調整，失敗的恐懼經常會伴隨他們。這種來自過去傷害的恐懼，造成了內心膽怯、懦弱，並導致想像力和執行力的消極。因此，當領導者試圖在組織團隊中推行一個新的決策時，那些容易心態消極的員工，經常會想到曾經的失敗情況，並因此而選擇退縮。

一個很明顯的例子是：同樣的失敗，在執行層面看來，意味著表現欠佳、能力不足、缺點暴露等。而領導者並不應該這樣看，大多數領導者都會將員工的失敗看做增加經驗、學習方法、提高能力、鍛鍊鬥志的過程。但問題在於，你怎樣讓員工相信這一點？

實際上，領導者面對失敗時，知道要將失敗原因和具體責任分開，因為對於領導者來說，明確責任並非第一位，而是要找到失敗原因再去獲得成功。但當員工面對失敗時，他們恐懼的是責任，而並不是失敗原因。針對這樣的差別，領導者就不應該盲目讓員工去承擔責任，因為承擔責任並不能解決所有問題，反過來會讓員工心生更多恐懼。領導者有必要讓員工知道，在執行過程中，並不是所有失敗都是負面的，作為一個組織和團隊，從領導者到員工，都應該有包容失敗、允許失敗的氣量。這樣，整個組織中瀰漫的恐懼情緒才會得到緩解，並重新用正確態度面對執行。

阻礙三：障礙

在每個組織中，無論是具體執行的員工，還是不同級別管理人員，都有著不同的生活和工作背景、文化和修養，並因此存在著溝通的障礙。這些障礙包括語言風格不同，也包括理解和表達方式的不同。因此，容易產生溝通中的障礙。更深層次的障礙則不僅包括溝通，更來自於利益分歧。必須承認，組織規模越大、層次越多，其中部門利益、團隊利益的差異劃分就越大。如果任由這些小利益各自林立，就會更進一步影響執行的效果和效率。

為了確保這樣的障礙得以消除，領導者必須能夠從自己做起並影響員工。無論是溝通障礙還是利益障礙，其產生的原因，大都包括缺乏信任。在日常執行中，如果上下級缺乏信任、同事之間缺乏信任，就會導致溝通合作的障礙。例如，每件事情都需要層層審批的管理模式，會讓領導者越來越忙，而下屬則失去了應有的工作能力。整個企業的執行效率不斷下降，更多的時間和精力會花費在等待溝通結果、利益調整結果上。

因此，領導者必須要首先建立自己給下屬的信任感。領導者需要積極加強自我的修養，表現出高尚的工作品質和工作事業心，具有豐富知識和真誠品格。當具備這些之後，領導者就能夠贏得下屬的信任，並破除溝通障礙，同時具備了調整下屬之間利益的真正地位和能力。

另外，想要真正消除溝通和利益的障礙，還應該從下面的三個方面入手。

首先，打破地位障礙。企業組織是多層次的結構，這意味著員工之間的接觸會比上下級之間的接觸多。因此，領導者需要有意識的去主動和員工進行溝通，打破現狀，疏通上下資訊交流溝通管道，平衡上下級利益差別。

其次，打破空間距離障礙。在執行中，員工和領導者不可能總是面對面進行交流，如果交流次數太少，則空間障礙會變得更大。為此，領導者需要積極走進執行基層，加強交流，從而了解員工的想法和利益，加強對執行具體環節的了解，並推動他們形成新的決策。

最後，打破組織網絡的障礙。在組織中，合理的組織機構，才能打造出良好的交流網絡，並消除其中成員之間的無形壁壘。反之，如果組織機構不合理、層次太多、交流網絡不夠完善，那麼，即使有好的政策，也難以獲得真正的執行。為此，領導者應該精簡機構，減少不必要的層次，建立健全的交流網絡，確保上下級之間能夠更多進行直接交流，從而讓資訊傳遞管道得到暢通。

阻礙四：藉口

藉口是執行力最大的殺手。在許多領導者的工作經驗中，員工經常會對自己的決策、監督和指導提出相應請求。然而，其中有一些是真實情況，另一些則完全是藉口，領導者需要的是能夠認清其中的差別，並從業績提高出發來進行評價。

想要清除藉口，領導者首先需要盡力消除員工從組織結構、工作流程中尋找藉口的原因。必須採用系統方法，從企業的客觀環境中進行診斷，並對不同的問題採取不同角度了解。這樣，領導者就能讓員工無從尋找藉口。其次，領導者需要對組織中人員的管理進行整合，如徵才中就看出人員是否有尋找藉口的傾向、是否不願意承擔責任等；將消除藉口的觀念融入到企業的價值觀念中等。

最重要的是，領導者應該將員工的工作責任和目標量化，形成幾個針對不同職位、不同團隊的具體指標。當他們面對這樣的基本標準要求時，尋找藉口的難度就會加大，並最終意識到，自己無法透過尋找藉口而逃避考核。

對執行力的提高，就是與組織中不同問題和缺點做抗爭。領導者必須掌握克服上述四個問題主因的能力，從中獲取領導組織的業績。

合適的人做合適的事

善於打造組織執行力的領導者有著共同的特徵，其中最明顯的一個，在於他們不拘一格挑選和任用人才的氣魄、膽識和智慧。在許多人眼中，那些商業院校出身、具有著名企業的工作經歷的員工才能叫做人才，但在優秀的領導者眼中，即使是出身平凡、工作經歷並不光鮮亮麗的員工，只要放對了位置，也一樣能產生對組織有益的價值。這就是為什麼在我研究過的諸多領導力案例中，有數不清的「空降」優秀人才鎩羽而歸，也有許多草根管理者卻得到領導者和組織的青睞。撇開其中的客觀差異，人才任用是否合適，是領導者對執行力打造效果的重要原因。

人才是否對事情有利、對執行有利、對組織有利，表現在他們能否有相應的特點去勝任各自職位。儘管一些人看起來的確能力十足，但是否適用，領導者應該全盤考量。作為領導者，必須清楚確立讓合適的人去做合適的事這樣的標準，清楚自己需要怎樣的人才，掌握他們各自特點，為組織編製出一套符合的選才、任用標準，從而降低領導者在打造執行力過程中出現錯誤的可能性。

如何做到正確的挑選人才去提高執行力？

建立標準

沒有規矩，不成方圓。管理學大師杜拉克說得好：「用人決策的成功可能只有三分之一，而另外三分之一是用錯了人，剩下的三分之一機會是不好也不壞。」想要提高用人決策的成功率，依賴的不是領導者個人的智慧和經驗，而應當是企業內部順利運作的擇人標準。

過高挑選人才的標準並不適用，因為這會增加對合格人才挑選的難度，並導致人力資源管理成本提高、影響組織的穩定性。因此，不同的企業會結合本企業的業務特點、營運要求和執行力要求去樹立不同的挑選標準。例如，微軟公司要求進入企業的員工有充分創新意識。為此，他們會在徵才測試的過程中尋找那些思考活躍、具有創新意識的人；惠普公司看重員工的溝通和協調、合作，因此，他們樹立的擇人標準是組織領導能力和人際關係處理能力較強；美國西南航空公司將幽默感看做其公司服務的重要內容，因此，他們將是否幽默作為員工最重要的特質來挑選。

的確，最合適的人並不一定是那些實力最強的人，而是能夠處理好本職工作的人。將重要人才放在普通職位上無疑是浪費，同時，真正有能力和抱負的人才也不可能在普通職位上長期待下去。因此，領導者必須了解到，挑選人才標準的重要原則，是讓優秀的人才擔任在更高職位上，避免他們失去執行的興趣和決心。同時，也應該讓普通的人員留在其職位中，這樣他們才會心存感激的同時又不會導致過多野心產生，勤勞誠懇的執行下去。

看準員工的特點

不同人的特點千差萬別，當領導者為下屬分配任務，意味著除了考慮任務的需求外，還應該考慮人的特點。安排那些和員工特點、優勢互相適配的工作，從而讓人和事得到穩定和平衡。

傑克·威爾許說，自己需要真正了解員工，這樣，員工才會信任他關於執行的決策。他說，自己並不懂得怎樣製造飛機引擎、也不會去製作電視臺黃金節目、而保險業也是自己不熟悉的競爭領域……但是，這並不妨礙他有可能進入這些行業。因為凡是能在這些領域給出自己充分建議的人才，他就會了解並信任他們，最終授權給他們執行。

威爾許對於整個奇異公司中上千名的高層管理人員都相當熟悉，他喊得出他們的名字，知道他們的特點和職責。

和威爾許一樣，領導者需要「知人」，然後才能「善任」。只有了解自己的下屬，才能明白他們的知識水準、工作能力、經歷背景、性格類型、職業傾向、愛好特長和思想狀況，並根據這些人的具體情況，為他們安排相應的責任，讓每個人都能人盡其才。

合理搭配人才

在知人善用的基礎上，合理搭配人才結構，促進員工在執行過程之間產生「化學反應」，能夠更好的實現團隊整體績效提高，發揮企業的執行力。

矽谷曾經流行過這樣的所謂規則：兩個工商管理碩士加一個麻省理工學院博士，這樣的組合是風險投資最喜歡的對象。雖然這個規則並不正式被承認，但這說明人才是否適用，並不完全取決於自己，還取決於領導者給予他們怎樣的組合。更說明一個組織、一個團隊是否具備高效能的執行力並不完全取決於其中的個體，而是取決於它們是怎樣被搭配和建立的。

從人才管理學的角度來看，追求高執行效果，並非一定要強強人才聯手，而是需要優勢互補的團隊組合。在美國蘭德公司和倫敦國際策略研究所這樣優秀的企業組織中，用人也並非一味追求高素養、創新能力強，而是採用 1 ＋ 1 的人才運用機制，即讓研究人員和支援人員兩兩搭配起來，這樣，就能讓其中的研究人員盡情發揮其工作上的創造力，而支援人員則予以配合，完成其他工作，保障好研究人員的創造工作。

表面上的人才薈萃，並不一定帶來執行力的迅速提高，反而有可能帶來人才結構的缺陷，讓領導者看著濟濟一堂的員工卻有人手不足的喟嘆。為此，領導者需要對企業現有人才的布局和結構，進行系統的分析、整合和最佳化，能夠根據現實需求，有針對性的加強人才群體的組織和建構，引進對企業目前最重要最實用的人才，從而滿足執行力提高的需求。

優秀的領導者，不僅要能夠從眾多員工中看到單獨員工的能力作用，更要學會將「良木」組合成為「森林」。領導者應該對不同類型的員工進行合理搭配，將他們放在各自的位置，像一幅拼圖那樣互相補充、相互合作和啟發，形成有機整體。這樣，就能互相彌補不足，並達到執行的最佳效能。

一位總裁曾經這樣描述他眼中不同的人才：帥才、將才、兵才和閒才。其中，能夠為企業執行力帶來顯著提高、掌握大局的人才，是企業的領頭人，稱為帥才；能夠為區域性執行力的提高做出貢獻並引導他人完成任務的，是企業的支柱，稱為將才；能夠在前者指導下擔負各自具體工作的，是企業的基礎，稱為兵才；而做不好普通的事情，卻能提供特殊資源、特殊才能的，稱為閒才。他提出，這樣的四類人才需要進行不同的搭配：如果帥才和將才太多，企業就會不穩定，執行力因為內耗導致停滯不前；而兵才和閒才太多，則會讓企業變得庸庸碌碌、毫無競爭力。因此，必須對四類人才從數量和職位上進行合理搭配，並要求他們各自做好自己的工作。

讓合適的人去做合適的事情，聽起來或許很簡單，但真正做到，需要領導者付出大量的心血來管理員工。同時，在領導過程中，領導者又不應該被眼前是否合適束縛住思維。因為所謂合適，並非固定不變的概念，而是相對的和開放的。

企業是在不斷繼續發展的，市場是在不斷變化的，所謂的合適與否也是根據情況而變化。領導者既要立足於眼前是否合適，也要放眼於未來是否合適，做到謀求全域性、縱觀往來，才能讓更多的人在組織中變得更加善於執行。

突破固定思維，「被動做」變「主動做」

正如領導者所看到的一樣，提高企業執行效率的計畫並非那麼簡單就能得到推行。想要獲得成功，必須要對企業中大量的團隊和個人進行改變，突破他們的固定思維，將他們被動的行動變成主動的行動。想要實現這樣的改變，需要組織中的成員改變既有的思考模式，而這並不是一項簡單的任務。

在著手推進執行力之前，領導者應該進行較大程度變革來實現執行力提高的成果。一般來說，執行力上升需要進行不同層面的變革，在最簡單的層面上，領導者可以採取行動去改變組織中的硬體環境，例如，將核心資產剝離或者整合業務等。在更深的層面上，領導者需要積極推動員工的行為，並改變他們行動背後的思考方式，從而獲取執行力的提高。

只有當員工充分認識到變革思維的重要性之後，他們才會支持為推動執行力而進行的變革，才能獲取打造更高執行力的技能。想要獲得這樣的效果，領導者需要的是打破組織中的思考慣性。

其實，組織中的每個成員都有可能產生思考的慣性。當人們因為長期相似的工作環境和流程而導致思考固定之後，就會習慣性的按照固定模式去思考一切工作情況，不會換個角度考慮問題。當組織的所有成員具有了這種思考慣性之後，就會產生組織的思考慣性，實際上是其中不同員工思考慣性的集中表現。而當組織慣性形成之後，就會對其中員工的行為產生影響，造成行為上的固定。可見，思考慣性對於企業執行力的破壞是相當危險的。

從我認識的執行力顧問專家那裡，經常能夠聽到「不拉馬的士兵」這個故事。

二戰期間，某個德國軍官來到砲兵部隊，發現砲兵操練時，有一位士兵站在炮管後側方始終不做任何事情。年輕軍官對此毫不理解，追問起來，得到的回答是，操練手冊上是這樣記載的。為此，軍官感到非常奇怪，他查閱書籍、走訪老兵，最終了解了事情的原委。原來，在砲兵剛剛出現的年代中，大炮只能用馬車運送到前線，而那個紋絲不動無事可做的士兵，負責的是去拉住馬韁確保大炮的穩定。隨著機械化和自動化時代來臨，早已經不需要這樣的角色，但整個組織中的思維居然始終沒有調整過來，造成了士兵閒置。

類似這樣的案例，在企業組織機構中並不少見。例如，當企業中不同部門或團隊確定了工作流程和管理模式之後，大家總是會圍繞著同樣的固定流程來進行工作，並習慣於運用相似的工作程序來解決同一個問題。然而，當習慣形成之後，從員工到領導者都不再去思考這樣的工作流程在執行中是否有效和合理。隨著這種組織中的思考慣性發展下去，就會出現效率低下和溝通不暢的問題，並造成執行力下降的惡果。

為了對員工的固有思維進行有效突破，讓他們從習慣支配下的被動變為不斷進取的主動，領導者需要做出下面的工作改變。

確保溝通暢通

一家優秀的企業，想要積極改變員工的固有思維，就應當從溝通暢通開始做起。如果溝通不暢，會導致領導者和員工的思維不同，難以進行協調的改變和進步。

例如，溝通延遲情況，即基層和上層雙方資訊的傳遞過於緩慢，而組織整體明確思維改變的目標就會更慢。又如，由於溝通中出現問題，資訊在不同層面被不同的員工過濾掉，結果缺失了相關資訊，導致組織整體的思維改變難以一致。再如，一些員工為了得到更多利益或者更多重視，會對資訊加以改變和扭曲，例如，誇大自身工作業績或者掩飾工作問題等。這些資訊的扭曲，導致領導者無法正確的了解情況，無法做出明智的決策來改變團隊的思維。

為此，領導者應該建立好組織的溝通制度，確保組織成員之間能夠積極溝通。例如，定期匯報制度、定時交流討論等。這樣，就能隨時了解情況、接收資訊，也可以隨時將領導層對決策的看法傳達到下屬員工那裡，讓他們看到改變思維的價值和方向。

保證上傳下達的資訊準確

對組織思維的革新，離不開資訊的傳遞，而上傳下達過程中，資訊很有可能被扭曲或者過濾。為此，領導者需要做好下面的改變。

首先，需要積極改進溝通態度，確保對上對下的溝通態度能夠積極、開放，坦誠相待，從而使得上下級對資訊正確理解。其次，應該努力提高自身語言表達的能力。這是因為語言是資訊的載體，想要確保資訊準確傳遞，領導者就應該讓自己使用語言的能力更強，並在溝通中將溝通對象、內容和環境進行結合。同時，還應該考慮到員工的了解能力和接受能力，根據他們的具體情況，選擇不同的表達方式和具體詞彙、語調或者語氣。最後，有了準確的資訊共享，員工突破舊有思維的可能性就會大大增加，主動執行的態度也將得以建立。

領導者應該積極突破既有的屏障，建立起讓員工思維得以最佳化的管道，讓員工獲得充分機會去準確溝通並獲取資訊，這樣領導者就能加快執行力上升的速度，形成積極向上的執行文化。

本章小結練習

1. 嘗試做一次基礎工作：在發布命令之後，立刻跟隨某個環節的基層員工開始執行。
2. 挑選一個專案，在工作還沒有匯報結果之前，去發現其中的問題並向員工指出。
3. 針對你最主要的幾個下屬，分別整理出他們最適合的執行力側重領域。
4. 在組織中進行「藉口」總結活動，要求所有員工列舉他們在工作中最討厭和最常見的藉口，並進行分析。

第 9 章

提信心，勇攀高峰

領導者怎樣才能為整個組織中不同員工的生活和工作負責？怎樣讓一家企業能在領導者的率領下不斷攀登高峰？在從事領導工作的過程中，領導者並非毫無壓力、並非不會產生緊張情緒，而面對這些情況，他們更應該從提振自我的信心開始，去創造新的業績。當領導者決意提升自我信心時，他們首先要從自己已經適應的「領域」離開，相信自己可以從事更多實踐方面的領導工作。其次，他們需要表現出自己的魄力，營造更多的希望氛圍，從而創造出組織更大的影響力。最後，領導者還有必要結合自身工作去發掘新的領導者，從而將自身影響力傳承下去，產生更加深遠的作用。

打破舒適圈，從實踐中學習

無論你是否意識到，下面的事實都不容懷疑：大到每個領導者所面對的組織，小到身為領導者的你自己，如果經常停留在同一個狀態中，就很容易陷入舒適的狀態，停留在不變的安定範圍中。如果能夠走出去，就會從實踐中學習到更多，改變領導者的效率，提升組織應對變化的能力。

早在 1908 年，心理學家們就證明，一個讓主體相對舒適的狀態，能夠使得個人或者組織的行為處於一定的穩定水準中，從而獲取最佳表現。然而，領導者並不能滿足於進入這種從行為到思想都符合常規的模式中。這種模式之所以被稱為舒適圈，就是因為其最大限度的控制了壓力和風險，但同時也最大限度的降低了動力和創新。在舒適圈 中，領導者處於心理安全的狀態，不會感受到焦慮，壓力也大為減少了，但是，他們的成就也會同樣減少。

任何曾經在某些領域獲得成就、哪怕只是完成了一些任務的人都清楚，當他們真正打算挑戰自己的時候，做出的成功是令自己欣喜甚至令他人驚嘆的。而想要做到挑戰自我，就必須離開舒適圈，雖然舒適圈是人性自然的追求，也能幫助我們躲開太多的壓力。但是，領導者必須要在一定程度上有著走出舒適圈的意願和行動，這樣，當我們離開舒適圈的時候，才能獲得應有的收益。

當領導者願意走出舒適圈，將有可能看到下面的收穫。

首先，領導者會比完全停留在舒適圈時具備更高的工作效率。當人們處在舒適圈時，由於缺乏了必要的期望和目標，很可能過於心安理得的享受目前的工作成果，而丟掉學習的熱情和幹勁，並利用對舒適圈工作的熟悉，來假裝忙碌、逃避新的工作任務。在這一點上，領導者也沒有什麼不同。而當他們走出了舒適圈之後，就會更快邁動步伐，關注自我提升、完成更多的領導力提升，找到更多的領導方式。

其次，當領導者走出了目前的舒適圈之後，他們會發現，曾經認定的那些不確定性或失敗恐懼，並不完全存在。這樣，在新的關注領域和成長經歷中，他們可以採取可控制的方式來進行挑戰自我和適當冒險，並從這樣的過程中經歷某些不確定的東西，而這樣的改變將能夠讓領導者提前適應角色或者環境的變化。

最後，一旦領導者開始嘗試走出舒適圈，就會發現隨著時間的推移，他們將會越來越習慣於走出自己之後的每一個舒適圈。這是因為他們將會逐漸習慣帶有一定壓力、一定不適的狀態，並能夠對這樣的狀態習以為常，從中找到更好的推進因素。同樣，他們也將會用新的方式、新的技能和新的知識來武裝自己，對那些新舊衝突的地方進行積極反思，進行更多學習，挑戰慣有偏見，向著舊有的保守習慣挑戰。即使只是從短期上而言，那些看起來不舒服的學習和工作體驗，也能夠幫助領導者做到集思廣益，從而學會用新的視角來看待問題，並運用更多的精力來迎接挑戰。

當然，走出舒適圈，收益並非馬上就能展現出來。但長遠的收益還是能逐漸展現出來，從而讓領導者逐漸開發出自身的潛能。

走出舒適圈，意味著領導者需要個人的學習和提升。這是因為，企業組織想要不斷領先於競爭者，需要不斷更新生產工藝和管理技能，這樣才能讓企業不落後於市場。同樣，領導者的個人素養也是影響企業組織工作效率和業績的重要因素，領導者同樣需要對自己的知識水準和結構進行不斷改進，才會走出原有的舒適圈而不被外界的錯綜複雜所影響，才能不至於坐井觀天而落後於現實的速度。正如日本三菱集團社長曾經預言的那樣：「21 世紀的企業領導者，每天都應該做到學習，才不會被潮流所淘汰。」

學習，是幫助領導者走出舒適圈的重要步驟。而透過學習氛圍的提倡和營造，讓整個企業都走出舒適圈，則是領導者更加高明的做法。

打破舒適圈「溫水煮青蛙」的牽絆，對於每一個領導者都很重要。下面的方法能夠幫助領導者對自我的舒適圈進行突破，並做到從實踐中學習：例如，每天去做一些原本並不熟悉的領導工作，即使是細枝末節的改變，也可以從這樣的變化中去尋找新的視角、累積新的經驗。在這樣的過程中，即使工作進度沒有按照計畫發展，也不應該感到過分緊張不安，而是要努力的適應變化。

又如，領導者應該花費一定時間來進行決策。在原本的舒適圈中，領導者對工作相當熟悉，並擁有了迅速思考和決策的習慣與能力。但走出舒適圈之後，他們會發現，事情的進展並沒有原先那麼快，而放慢節奏來進行觀察、思考和決策，再進行介入，會成為工作的常態。因此，領導者需要能適應這種新的節奏，而不是按照最快的反應進行工作。

當然，走出舒適圈，需要有較大的勇氣。領導者應該逐漸對自己的領導工作重心進行調整，堅定的努力，這種收穫將會影響到未來領導能力的培養和發展，並帶動組織中每一個成員做出積極的改變。

魄力有多大，影響力就有多遠

對組織的領導，意味著領導者對組織成員的行為進行的影響。在企業的管理過程中，領導者想要能獲得成功，必須要能夠對員工的行為加以改變、努力完成各自的目標。而想讓影響力深遠，領導者必須要具備充分的魄力。

在組織中，領導影響力有著兩個基本的來源：首先是地位的權力，即來自於工作職位的權力；其次是非正式的權力，可以用領導者的威信來進行描述。

在這兩種權力中，職位權力是領導者實施影響行為的基礎。沒有這樣的基礎，領導者很難有效影響所有的下屬並進行真正領導。但是，儘管和執行者相比，領導者在組織中擁有對下屬的強制命令、執行和獎懲權力，但領導者不能只是依靠這些因素來獲取個人影響力，更不可能將個人影響力等同於企業規章制度，而是需要利用自己的魄力來造就影響力。

作為一個領導者，具有當機立斷的決策魄力是必須的。只有善於運用魄力的領導者，才能在複雜多變的內外環境下，運用開創性的眼光和方法，打造利於組織的大格局。

在當代企業組織中，對領導者魄力的要求有別於傳統。其重要性展現在領導者所做出的不同決策中。領導者是否能掌握住決策，意味著他們是否能掌握住影響他人的機會，必須當機立斷，才能得到不會重來的機遇。否則，即使決策正確，但錯過了機會，就會對組織和員工帶來不利的影響，並削弱影響力。

魄力，意味著領導者在處理組織工作時所具有的膽識和作風。領導者勇於想、勇於做、勇於負責和行動，那麼，對員工來說，就從其領導中獲得了更多的信心和支持，自然能夠感受到領導者帶來的影響。反之，如果領導者優柔寡斷丟失機遇，抑或謹小慎微而墨守成規，就很難帶動員工，並逐漸導致個人影響力的流失。

比爾蓋茲曾經說過這樣一句話讓我印象深刻：「在微軟，我說話有分量，有號召力，但真正有決策權的還是巴爾默（Ballmer）。」的確，巴爾默在微軟是僅次於蓋茲的二號人物，而這種影響力，正是來自於他與眾不同的決策魄力。

2000 年，巴爾默擔任微軟總裁，面對前任蓋茲留下的輝煌成績，他並沒有滿足於只是守成，而是開始大刀闊斧革新企業，並著手建立自己的影響力。經過兩年多的工作後，2002 年，微軟高層同意了巴爾默的策略規畫：讓全世界的民眾和各產業都充分認識到自身潛力。顯然，這個策略的格局要比微軟原本「讓微軟為全球每一臺機器服務」更加宏偉和開闊。巴爾默自己認為，這並非只是空洞的論調，而是呼喚行動的號角，是為了提高企業和其他客戶之間的關係。事實上，巴爾默為了推進這樣的策略願景目標，也付出了大量心血。

巴爾默雖然站在微軟的光輝歷史上接下了領導權杖，但他並沒有因此就壓制自身的領導魄力。相反，他用實際行動展現了自己的能力和信心，開創了對企業領導的新格局，也讓整個微軟看到了其領導工作的影響價值。

當然，不是每一位領導者都擁有巴爾默那樣的魄力和影響力，但每位領導者都有必要反思自己是否已經將個人的能力全部轉化成為影響力，並找到其中的問題，著手加以改進。

領導者可以嘗試使用下面的方法去提高魄力。

首先，組建出高效率的助手團隊，以便依靠助手力量，形成更好的決策方法。有這樣的團隊存在，領導者可以及時反映或提醒領導者哪些問題已經被各種原因導致拖延和耽擱。在他們的幫助下，領導者可以第一時間發現那些妨礙自身影響力發揮的問題，並及時予以解決。

其次，儘量讓重大決策的範圍壓縮到合理前提下的最小。如果參與重大決策的人過多，很容易干擾領導者的魄力，限制他們能力的發揮，並會導致領導者的聲音被「降低」，個人影響力遭到忽視。

林肯（Lincoln）總統在上任之後，為了討論一個重要的法案，召開了有六個幕僚參加的會議。然而，幕僚們對問題的看法並不一致，七個人圍繞問題進行了討論，但林肯仔細聆聽了幕僚的意見後發現，他們之所以有著不一致的看法，有的是因為個人利益，也有的純粹是相互帶動模仿，並沒有什麼具體的意見。同時，林肯也認為，自己的做法是符合實際需求的。於是，在最終做決策時，雖然六個幕僚並沒有獲得一致意見，林肯還是打破常規，宣布按照他個人最初的意見對法案予以通過。

如果只看事情表面，自然容易認為林肯是忽視了多數人意見，但實際上，林肯正是在考慮了參與決策者的意見後，做出了綜合分析基礎上的決策。這樣，林肯在最終決策時，將參與決策人員的範圍壓縮到最小，而透過領導者個人的魄力，發揮了其重要的影響力。

再次，如果領導者不能迅速說服所有人支持自己的決策，那麼不妨將決策過程分為可以逐步遞進的小步驟。這樣，領導者做出第一階段的決策之後，可以再給予員工更多思考的機會、培養他們正確觀察決策的能力，並給予他們適應的時間和空間，但同時也向他們指出，按照決策行動的重要性。這樣，員工就會看到領導者堅定的決心和果敢的魄力，也就更加意識到領導者發揮的影響。

當然，在組織的領導中，領導者最需要發揮魄力的時機大都是下面這種情況：當領導者提出新的意見和設想時，很容易出現反對聲音。這樣的反對聲音中，既包括對領導者決策背景、動機、原因和內容並不是完全了解的人，也包括為了各自利益而反對的人。在這樣的反對聲中，如果領導者拿不出一定的魄力，就會陷入孤立。正是為此，領導者尤其需要展現出大格局的眼光和方法，不僅不應害怕孤立，還應該反過來說服或直接影響那些反對者。

對於那些由於不了解新意見和想法的員工，領導者既應該熱忱耐心的解釋，也應該透過自己的態度讓他們相信，決策不會因為懷疑而產生動搖。而對那些因為利益或者跟風而反對的人，領導者則更應該動用領導權威，讓他們清楚的意識到事情不會因為他們的反對而停止，這樣，他們才能看清楚情勢並及時跟上組織的發展。

雖然領導者應該兼聽則明，但領導組織的責任在於你所處的領導核心上。如果你想真正提升自己對組織成員的影響，就應該表現出不同於他們的堅決和果斷，讓自己的行為注入魄力，發揮持久的帶動力。

領導信心與希望

領導者必須在組織中樹立信心、打造希望。正如我作為從業經驗豐富的顧問專家所感受到的那樣，領導者必須充分表達出自己對員工的高預期，確保員工能夠對自己和對組織都信賴依靠，並相信他們的希望能夠得以實現。

領導者對組織成員傳遞信心和樹立希望是異常重要的。某種程度上說，領導就是不斷強調信心和希望的過程。領導者想要獲得成功，就必須是能夠讓組織和團隊充滿活力的人，必須是一個在現實中能同時保持清醒和樂觀的人。他們懂得怎樣向組織解釋目標並強調目標，怎樣向組織宣布獲得成功的重要性和可能性。這樣的領導者無論做什麼，都能讓下屬感到安穩。

同樣，無論任何組織，所有參與者都願意看到領導者帶來的信心和希望，並且能夠預期領導者可以帶領他們走到目的地。因此，領導者在這方面絕不可掉以輕心。

信心是員工工作所必須具備的，如果他們在工作中沒有信心，工作熱情就會大大削弱。那些缺乏信心的員工，只會變成機器中的螺絲釘，毫無主動性的做那些組織分配給他的事情。因此，領導者希望員工能夠在他們自己的工作範圍中主動積極，就不僅要支配他們，更要領導他們的方向、帶給他們欣喜。這就要求你不僅要能夠得心應手的去影響下屬，在遇到問題的時候，更要引導下屬看到下一步即將達成的可能，以此不斷鼓舞士氣，激勵他們的工作熱情。

查姆斯（Charms）是被稱讚為「領導大師」的傳奇人物，他最擅長鼓舞員工的士氣，提振他們的勇氣。在擔任美國國家收銀機公司的銷售經理時，該公司財務發生問題，而情況迅速傳播開來，被公司的多位銷售人員知道。這些銷售人員很快就因此失去了工作熱情，導致銷售量逐漸下跌。這一情況很快嚴重到會讓查姆斯自己和所有銷售員一起失去飯碗的地步。於是，查姆斯決定召開自己團隊中的全體銷售員大會，全國各地銷售員都回到總部參加這次會議。

查姆斯主持了會議。首先，他讓幾位過往銷售業績最佳的員工，站在他們自己的角度來分析銷售量為什麼會下跌。這些銷售人員無一例外的說出了同樣原因：商業的不景氣、資金的缺乏等。但是，到第五位員工開始陳述同樣的理由時，查姆斯突然做出了令人匪夷所思的舉動，他跳上了桌子，並且高舉雙手，說：「各位，很抱歉，請暫停一會，讓我將我的皮鞋擦亮。」

話音未落，門外走進來一位小工友，認真的替查姆斯擦鞋子，而查姆斯則紋絲不動。在場的員工們全都驚呆了，甚至有人懷疑查姆斯是不是被壓力搞瘋了。而小工友沒有在意這些奇怪的眼神，認真的擦完鞋子。當皮鞋擦完後，查姆斯給了他一美元，然後繼續對所有人說道：「我希望，你們每個人看看這位小工友。他的前同事是個白人小男孩，年紀大很多，公司每週付給他五美元薪水，但他還是賺不到什麼錢。但是，請看看現在這位小男孩，他不僅在公司裡工作下來，還能賺到更多的錢。我想問大家，他的前同事賺不到錢，究竟是因為自己的錯，還是顧客或公司的錯？」

員工們互相看了看，覺得慚愧不已。查姆斯繼續說：「我想你們都明白了，你們的錯誤在於當公司發生財務困難的時候，你們自己降低了工作熱情。因此，你們的成績也就一落千丈。現在，如果你們回到自己的職位上，每人能夠在一個月內賣出去五臺收銀機，那麼，我們的公司也就沒有什麼所謂的財務危機了。你們願意這樣做嗎？能做到嗎？」

所有員工都被點燃了工作熱情，他們看到了成功的途徑。一個月後，這些銷售員大都超額完成任務，公司反而淨賺了上百萬美元。

領導力就是影響力，就是對員工信心和希望的引領。如果領導者的思想、行為和心態不能積極鼓舞下屬，就會認為下屬所提出的困難與問題都是正常的，或者根本沒有其他辦法，那麼，他們的領導力和影響力也就會越來越減弱。

因此，想要積極發揮自身影響力，領導者需要的是去幫助員工解決想法或實際上的困難和問題，並讓他們從沮喪的情緒中站起來，面向新的工作征途。

下面的方法可以幫助領導者做到這點。

方法一：正確看待員工提出的問題

當員工提出問題之後，他們需要立刻看到領導者表現的激勵態度，並從中受到影響。因此，一名富有影響力的領導者應該有充分的逆向思維，不應害怕問題和困難，而要積極的看到對問題和困難加以克服或轉化的方法。

具體來說，領導者不能對下屬的疑惑置之不理，而是應該分析、指導和激勵員工，幫助他們建立正確的思路，最起碼也要表現出自己的關心和努力。這樣，你的想法就能影響下屬，並展現出你對責任的承擔。

方法二：改變員工的情緒

在長期工作中，員工都會有失去信心和希望的可能，表現在情緒上，也就出現了所謂的情緒低潮。當他們的情緒進入這樣的狀態，領導者如果只是片面去指責他們表現不佳，很容易導致工作結果和期望相反——受到責備的員工會更多失去自信，越陷越深。

事實上，許多員工的問題不在於能力，而在於他們的情緒波動過大，無法將最初的選擇貫徹到底。面對這樣的員工，領導者與其花費時間和他們討論能力如何運用或者提高，不如鼓勵他們保持自信、賦予他們從組織中分享到的勇氣。當領導者能夠用如「我相信你會成功」這樣的一句話去激發他們的時候，那種對未來的果敢判斷，會成為強烈的暗示，並支配員工的情緒，促使他們重新獲得新態度和新面貌。

方法三：激勵員工自己解決問題

松下幸之助曾經說過：「因為困難過，所以不再困難。」這句話意味著如果領導者能夠引導員工去經歷困難、解決困難，最終可以幫助員工走出困難。因此，當員工面對阻礙的時候，領導者可以首先引導他們自己去克服難題，而不是馬上去尋找替補或者更換人員，這樣，員工就會開始著手完成自我超越，去樹立新的目標。而一旦員工利用自己的能力克服了困難之後，就會獲得更多的自信泉源。

當然，引導員工發出自己的力量，並不意味著在一旁冷眼旁觀，更不能用指責和打擊來代替對他們的支持。聰明的領導者會積極幫助員工重新燃起自信和希望。最巧妙的方法，在於為他們分配一些重要但不困難的任務。當員工感受到自己完成重要任務之後的成就感時，其信心和熱情會再度被點燃，也就有了對組織更多的期望。

當然，如果領導者不能對自己充滿信心，不能堅定自己的意志，就談不上去獲取成功。無論一個領導者有多大能力、多高的教育程度或者多少人脈和背景，如果他們不能對團隊的信心和希望加以引領，就會導致工作的失敗。因此，領導者必須要將自己作為團隊的核心來看待，發揮個人特長，保持清醒頭腦，用充滿信心和希望的態度去引領身邊每個人。

一切為了創造與影響

領導者究竟是怎樣的角色？對此，不同的人有不同的答案。

我建議領導者能夠將自己看得低一點，不妨看做一粒種子吧，在這粒種子中，隱藏著企業未來發展的方向。而領導力歸根結柢就如同這粒種子一樣，能夠帶給整個組織創造和影響。

領導力的發揮產生不同效果，會決定企業的不同。正如同個人性格會決定命運一樣，領導者的思考、言行，都是為了讓其帶領的組織和團隊做出不同程度、不同方向的改變，最終超越其他的企業。

許多優秀的領導者，數十年如一日的在努力為組織奉獻自己，也為企業帶來了大量的變化。領導者們對於企業的改變堅持了多年而從未放棄，即使遭遇挫折，都沒有改變他們的影響力和創造力。

可以看到，成功的企業領導者，都有著強勢向上的工作精神面貌，這種精神面貌並非只停留在表面上，而是展現在優秀領導者身上開拓進取的態度。伴隨這種態度，領導者個人的影響力和創造力會不斷的轉化成為指導企業的文化和綱領，這些企業當然不可能在管理方面、發展過程中達到盡善盡美，但來自領導者的強勢影響和創造能力，也會幫助企業去積極完善自己、克服缺點。

領導力意味著創造

領導，離不開創造。這是因為優秀領導者在需要迅速決策時一定會最快出手，而不會在遲緩過程中丟掉機會。他們會掌握住他人難以掌握住的機會，而在看起來沒有機會時，他們會發現機會、創造機會，這其中的奇妙之處當然不是那些缺乏想像力的平庸管理者所能感受到的。

領導力意味著創造，同樣還意味著創造企業的文化上。企業家首先要有自己的性格，然後才是將個人的性格優勢轉化為企業整體的性格優勢。如果那些有志於提高自身業績的領導者能夠充分體會這一點，就會有意識的對企業性格加以塑造和磨礪，並根據企業表現出的特點來搭建企業的最高領導團隊，這樣，企業的整體優勢就能得以創造。

其實，領導者本身的性格是各式各樣的，但領導力的高低必然會取決於創造力。創造力來自於領導者個人的心靈、經歷和思考深度，也來自於他如何看待和評價自己的工作、自己的組織。如果具有了較高的創造力，那麼領導者就能在迷霧中發現整個產業、整個市場的未來變化。可以說，這種能力和具體的個人性格關係不大，但卻和領導者的創造力高低和影響程度有著緊密關係。善於創造的領導者能夠看到未來遠景，並能夠看到更多步驟帶來的影響，同時，他們有優秀的與眾不同的思維和行動去進行管理和執行。

曾經有記者採訪美國著名企業家 J·P· 摩根（John Pierpont Morgan），詢問他為什麼能走上成功道路，老摩根用簡單的詞彙予以回答：「創造力。」

記者覺得這個答案太過簡單，於是又問：「那資本和資金哪一個更重要？」

老摩根還是毫不猶豫的說道：「資本的確要比資金更重要，不過最重要的還是創造的性格。」

確實，如果觀察摩根是怎樣走向成功的就能發現，不管他在歐洲發行美國國債，還是建議美國做鋼鐵托拉斯計畫、推行全國鐵路聯合等，都是由於其勇於創新的性格和能力。如果沒有這樣的創造力，即使他手頭有再多資本，恐怕也只能做一個大富翁，而無法去創立一代商業傳奇。

為了將創造力融入領導力中，企業家必須要真正了解自己和團隊。這是因為企業家不可能總是一個人去創造，他們必須要具備籠絡員工的能力，善於運用員工的創造力。同樣，他們還應該有過人的勇氣和膽略，這樣才能發現創造的機會、承擔創造的決斷力、獲得開創新格局的嗅覺和膽識。

透過發揮創造力，企業領導者能夠找準那些宏觀、策略性、長遠的目標，並將之進行全方位的轉變細化，為企業中每個人、每件事、每個工作流程帶來創意，進行更加到位的控制和掌握。

領導力意味著影響

漢高祖劉邦，被認為是中國歷史上和唐太宗、李世民並駕齊驅的卓越國家領袖。劉邦並不認為自己是個能力突出的人，但他毫不掩飾自己的影響力有多大 —— 雖然運籌帷幄不如張良，後勤補給不如蕭何，軍事藝術不如韓信，但這並不能改變劉邦對他們的影響力，更沒有削弱劉邦獲得的輝煌領導成績。

在研究、學習和實踐如何提高領導力的過程中，企業領導者必須明白，領導力不可能是單獨的、純粹的而脫離人這一因素的。不管何種類型、何種特點、何種水準的領導力，都需要透過領導者的魅力、信仰等精神因素展現出來，並伴隨著長期的影響而施加給員工。

從人格魅力來看，領導者的道德素養、行為風範、知識水準、心理特質和個人儀表等，都是領導力的重要影響因素。這些因素可以讓領導者吸引追隨者，並激發員工表裡一致的為企業發展做出貢獻。

當領導者真正具備並表現出了傑出的影響力之後，他們將會因為對自己的嚴格要求和積極進取感染到其他員工，成為這些員工的榜樣，並會讓整個組織更加勤奮而認真。

最好的影響力，無疑是那種「有溫度的硬石頭」的角色，這種領導者角色既有著自己的堅定一面，也有自身的溫暖一面。例如，很少有人說賈伯斯是什麼溫和、慈祥的領導者，他對於產品的開發和營運、對於員工都無疑是強硬的，但對於有目標的合作夥伴、對於選擇企業和產品的客戶來說，他又是溫暖的。而在大量受到他感染的員工看來，他更是目標明確、行動自覺、堅毅果敢、樂觀向上的帶頭人。

成功欲望是創造力和影響力的泉源

追求成功的欲望，是領導者實現自我的必要條件，同時也是創造力和影響力的泉源。

領導者如果想要獲得超越他人的創造力和影響力，必須要有充分的成功欲望，而且這種成功絕非其個人的成功，必須是整體追隨者的利益。這正是為什麼羅斯福（Roosevelt）、邱吉爾（Churchill）被稱為偉大的領袖，而希特勒（Hitler）則只是一個竊取了國家權力的野心家 —— 領導者的創造力和影響力，都必須符合其追隨者的利益，而他們對成功的渴求，也應該超越個人的利益範疇。

當企業家有了這樣的成功欲望後，他們就會對企業設立出更加科學、更加長遠和更加廣闊的願景與理想。而在他們接下來進行的創造和影響過程中，就需要將這樣的願景和理想普及成為每個員工的願望。

為此，領導者需要積極帶動員工的積極性，需要發現那些員工尚未看到的圖景，需要向員工們證明，那些圖景既是他個人所需要的，更是整個企業所需要的。換句話說，領導力的運用，就是為了獲得更好的創造和影響的基礎。

當企業中所有員工終於擁有了這樣的精神，就能做到共同團結起來戰鬥。也正是當企業走上這樣的發展道路時，領導者才可以自豪的宣稱：我擁有了強大的領導力，員工能夠被我的創造力和影響力所吸引，我將和他們共同實現夢想。

影響力延伸：重新啟程

在擁有了卓越的影響力之後，領導者自我提升的道路並非終止，迎來的將是新的歷程。在影響力充分發揮的基礎之上，領導者需要進行正確的延伸，透過培養其他領導者，更好的增加自身對組織的影響力。而在此之前領導力的集中發揮——包括繼續學習、執行和引導等工作，都將透過培養其他領導者而達到更好的延伸。

影響力卓越的領導者，才有資格成為其他領導者的教練，並進而利用延伸來發揮更大影響力。管理學者約翰·馬克斯韋爾（John C.Maxwell）曾經說過：「對於任何領導者而言，如果只有追隨者聽從他們的指派，完全服從其影響力將工作做完，而沒有其他領導者幫助他分擔重任，那麼，久而久之，他們就會精疲力竭而疲憊不堪。」這說明，影響力延伸的方式，並非領導者自身像蠟燭那樣不斷燃燒自己照亮他人，而是要不斷的製造出新的「蠟燭」，從而將光熱傳播得更遠。對此，奇異公司前董事長傑克·威爾許也在他的自傳中寫道：「我們培養偉大人才，然後再讓他們創造偉大的產品和服務。」談到具體方法時，他說：「應該將重點放在對領導力的培養上，而並非單純進行某一種特殊技能的培訓。」事實上，傑克·威爾許本人也正是透過培養更好的領導者來延伸自己的影響力，透過這樣的影響，能夠極大程度的讓組織和個人受益。而一個領導者在組織中的影響力之長遠，也將由此擺脫領導者個人工作時期長短和履職範圍大小的限制，並透過由優秀領導者不斷的「升級換代」而得以讓企業不斷的更新和重啟。

因此，在這個層次中，領導者發揮領導力的最主要任務，就是去培養那些能夠替代自己發揮作用的人。這就如同一位在球隊中至關重要的球星那樣，其影響力的發揮在於比賽過程中，但想要讓影響力得到延伸，就並非來自於其比賽時間，而是來自於其之後成為教練助理、教練等長期過程中對其他人的培養，這些被培養的人需要其影響力，而他的影響力也需要這些人。

讓影響力進行延伸之所以顯得如此重要，是因為其過程顯著的增加了領導者自身影響力的範圍。領導者不只是滿足於去領導其直接的下屬，而應該讓自己的努力在更大程度上發揮作用。

例如，我曾觀察過那些領導力堪稱最優的企業總裁們。當他們的影響力延伸到下一級別領導者之時，這個級別領導者的領導力能夠得到明顯成長，當這種成長繼續傳遞到更下一級別，就能呈現出企業整體指數級的成長。這一點，曾經被人總結為：真正的領導者已經不在意自己是不是組織中最有影響力的，他關心的是怎樣培養出高影響力的下屬。

在這種影響力延伸的過程中，領導者不應去考慮自身怎樣親自努力才能讓其團隊獲得成功，而是要追求即使自身不在場也能讓團隊成功的途徑。對於這種良好結果，人們可以看做影響力的「複製」步驟。

例如，懂得複製影響力的領導者，在面對挑戰和機會時，經常會向自己提出這樣的問題：「究竟我的哪些下屬能夠處理這樣的事情？哪個部門的負責人能夠接受這個任務？為了能夠幫助他們在這個過程中成長和進步，我需要在其中做什麼？」

當然，或許許多領導者不會經歷很大範圍的複製過程，但領導者還可以透過和下屬領導者或者其他領導者來形成同盟的方法，達到共同的影響力目標。最重要的是，領導者應該透過發揮領導力去培養自己的「替代者」，確保即使自己不在組織中時，整個組織也能獲得成功。

當麥當勞（McDonald）兄弟建立了速食餐廳營運模式之後，克洛克

（Kroc）發現這種模式具有超強的盈利能力，為此，他不僅發揮了自身的影響力來讓這套模式更完整有效，還讓其影響力得到了不同形式的延伸。

克洛克認為，像麥當勞這樣能夠發放特許經營權的公司，自身不應該靠「盤剝」各家門市來發展，而是應該再次開設加盟店並幫助他們成功。為此，克洛克讓自己的影響力透過加盟店進行完美延伸，他對待這些加盟店正如事業搭檔一樣。正因如此，克洛克最終擁有了他人所沒有獲得的收益：加盟店紛紛選擇為麥當勞工作。

如果非要找到克洛克的祕訣，那就是，他透過領導不同加盟店，並關注他們的收益，來延伸自己的影響力。即使當克洛克退休、去世，麥當勞依然在繼承其影響力。

從這個經典的案例中可以看到，注重影響力延伸的領導者，並不需要在任何方面都是最優秀的，他們也並不應該去獨占成功所帶來的利益、財富和榮譽，更不應該期望成為整個企業中獨斷專行的「帝王」。在能夠將影響力進行延伸的領導者周圍，團結著許多不同特長的領導者，而這些長處可以很好的彌補主要領導者自身的影響力。

換句話說，想要讓影響力進行延伸，領導者就需要更加關注長遠和全域性，而不是只看到現在和個人。影響力深遠的領導者，必然懂得自己不可能在任何方面都是最優秀的。因此他們注重培養其他領導者，並引導這些處於下一級的領導者在各自擅長的工作領域有所建樹，從而彌補自己的不足。除此之外，專注於讓影響力進行延伸的領導者，還勇於挑選下屬中的人才，進入其自身擅長的領導領域中進行培養。他們不會認為這是對自身地位的威脅，而是有充分的勇氣和胸襟挖掘人才，傳承經驗和能力。

如何做到用這樣的方法和態度去延伸自身的影響力？下面的方法值得領導者在打造出優秀的組織之後，進一步去要求自己。

首先，用足夠大的願景去吸引其他領導者。那些能夠延伸自己影響力的領導者，之所以能夠去發掘和培養其他領導者，並不一定來自於利用物質和利益的吸引，而是在於能夠用足夠大的願景去吸引繼承者。對於優秀的繼承者們來說，最吸引他們的並不是高薪酬，也不完全是高職位甚至是榮譽，更不應當是在企業中的不合理特權，而是能夠讓他們產生興趣的職業願景。因此，想要正確的去吸引他們，應該是透過積極幫助那些有才能的領導者成長，並讓他們明白自己面對的任務，讓他們清楚這些任務將會為整個企業乃至社會帶來怎樣的願景。當領導者能夠如此去打動他們時，其原有影響力也無疑會得到延伸。

其次，在進行影響力延伸的過程中，由於領導者已經被整個組織普遍認為是領導能力方面的專家，因此，他們需要積極的去認同整個領導管理團隊，將榮譽和他們共同分享。例如，應該透過信任和鼓勵，去發現與培養那些特定的主管成員，這種信任和鼓勵並不僅僅是讚美，而應該表現出充分的認同。這種認同應該充分真實，表現為自己對下屬成長的期待，而這種期待越明顯，往往越能表現出領導者影響力的強大。

最後，領導者應該有能力去挑選合適的對象，作為自己事業的傳承。這意味著只有發掘最合適的人才，才能讓他們作為合適的載體，對影響力進行傳播。下面是辨識這些合適人才的基本標準：

- ✓ 成功欲望
- ✓ 對磨練的正確態度
- ✓ 強烈榮譽心
- ✓ 執行力
- ✓ 對領導者的尊重

✓ 積極與領導者保持連結

✓ 對工作的態度

✓ 個人社交能力

擁有這些基本特徵，才能讓領導者對他們的指導轉化成為影響力的延伸過程，而不會白白浪費心血。

人的職業生涯和個人生命終究是有限的，而世界上優秀的企業動輒傳承數百年的歷史並不鮮見。企業家在領導力成長和發揮的道路中，必須要不斷意識到這一點，才能夠在成功巔峰及時的進行自我「歸零」，以發現影響力延伸的重要性，以從頭開始的心態，為企業挑選好繼承者，並開啟下一個輝煌旅程的大門。

本章小結練習

1. 嘗試完全打破舊有工作習慣規律，制定新的工作計畫日程。
2. 在做決定之前，有意識減少被詢問的對象數量。
3. 想像自己是剛剛擔任領導者位置的新人，會做出怎樣的決定。
4. 從現在的下屬中挑選 3 ～ 5 名繼承人，並有意識對他們進行鍛鍊和培養。

參考文獻

[01] ［美］肯·布蘭佳（Ken Blanchard）等著，張靜譯 . 更高層面的領導：肯·布蘭佳論領導力和建立高績效組織 . 北京：東方出版社，2008

[02] ［德］丹尼爾·皮諾（Daniel F. Pinnow）著，楊佩昌，鄭燁，陳靜譯 . 領導力：核心揭祕 . 北京：機械工業出版社，2008

[03] 盛安之編著 . 領導力的 42 個黃金法則 . 北京：企業管理出版社，2008

[04] ［英］奧斯本（Osborne）著，王光譯 . 領導力 . 北京：世界圖書北京出版公司，2010

[05] ［美］崔西（Tracy）著，周斯斯譯 . 卓越領導人的領導力 . 重慶：重慶出版社，2010

[06] 曾國平著 . 追求卓越領導力 . 重慶：重慶大學出版社，2013

影響與鼓勵，激發潛能與克服障礙的領導策略：

充分授權、專注聆聽、人盡其才，只有讓員工越來越優秀，領導者才會越來越進步！

作　　者：肖鳳德，王兵圍

發 行 人：黃振庭

出 版 者：財經錢線文化事業有限公司

發 行 者：財經錢線文化事業有限公司

E-mail：sonbookservice@gmail.com

粉 絲 頁：https://www.facebook.com/sonbookss/

網　　址：https://sonbook.net/

地　　址：台北市中正區重慶南路一段六十一號八樓 815 室

Rm. 815, 8F., No.61, Sec. 1, Chongqing S. Rd., Zhongzheng Dist., Taipei City 100, Taiwan

電　　話：(02)2370-3310

傳　　真：(02)2388-1990

印　　刷：京峯數位服務有限公司

律師顧問：廣華律師事務所 張珮琦律師

定　　價：350 元

發行日期：2024 年 01 月第一版

◎本書以 POD 印製

國家圖書館出版品預行編目資料

影響與鼓勵，激發潛能與克服障礙的領導策略：充分授權、專注聆聽、人盡其才，只有讓員工越來越優秀，領導者才會越來越進步！/ 肖鳳德，王兵圍 著 . -- 第一版 . -- 臺北市：財經錢線文化事業有限公司 , 2024.01

面；　公分

POD 版

ISBN 978-957-680-724-4(平裝)

1.CST: 企業領導 2.CST: 組織管理 3.CST: 職場成功法

494.2　　112021870

電子書購買

臉書

爽讀 APP